영어를 못하는 엄마도 가능해요

세상 쉬운 엄마표 영어

영어를 못하는 엄마도 가능해요

세상 쉬운 엄마표 영어

권료주 지음

마음세상

프롤로그

'엄마표 영어를 하며 아이에게 영어책 한 권 읽어주지 못했어요.'라고 말하면 다른 사람들은 어떤 시선을 내게 보내게 될까? 가끔 든 의문이었다.

아이가 엄마표 영어로 초등학교 6학년에 해리○○를, 나○○ 연대기를 편안하게 즐기며 읽는다고 말할 때 사람들은 내가 영어를 자유자재로 구사할 수 있는 사람으로 바라보았다. 아니면 적어도 쉬운 영어 그림책 한 권 정도는 읽어줄 수 있는 엄마로 바라보았다. 그 시선이 부담스러워 나는 영어를 알지 못하는 사람 소위 말해 영알못이라서 말하지 못했다. 오히려 나의 이런 영어 실력을 들키지 않게 포장하기 바빴고, 누구도 알길 바라지 않았다.

어느 날 지인과 통화를 한 적이 있었다. 그날 많은 이야기 속에 불쑥 엄마표 영어에 대해 이야기를 나누던 중 나의 영어 실력을 말하게 되었다. 전화기 너머로 들려오는 숨소리에, 목소리에 애써 당혹감을 감추려 해도 나는 느낄 수 있었다. 그날 나는 상처를 받았다. 그동안 숨겼던 부분을 굳이 말할 필요가 있었을까 뒤늦게 후회도 되었다.

며칠이 지난 뒤에 큰아이에게 이런 내 심정을 말했다. 그러자 아이는 이렇게 말했다.

"엄마, 있잖아요. 엄마가 영어를 못해도 저는 상관없어요. 그건 엄마의 인생이니까요. 저의 삶에 엄마가 영어를 잘하는 엄마, 영어를 못하는 엄마 어느 것도 상관이 없다고 봐요. 그냥 엄마라서 전 사랑하고 존경해요. 그리고 또 다르게 생각하면 그럼에도 불구하고 절 이렇게 만드셨잖아요 그게 더 대단하지 않나요? 그러니 엄마 기죽지 마세요."

아들의 말에는 힘이 있었고, 이러한 엄마를 전혀 부끄럽게 여기지 않는 마음이 보였다. 어쩌면 엄마보다 내면이 더 단단한 아이 같았다. 그래서일까? 오히려 위로해 주는 아이의 말에 엄마인 내가 힘을 얻었다.

나는 진심 영어를 못한다. 자랑할 일은 아니지만 부끄러울 것도 없었는데 그간 왜 숨기려 그렇게도 기를 썼는지 아이 앞에서 오히려 부끄러워지는 날이었다. 아마도 이 책을 출판할 수 있는 용기를 준 계기 또한 이날 나에게 용기를 준 아이의 눈빛과 말이 아니었을까 싶다.

엄마는 영어 선생님일 필요가 없다!

엄마표 영어란 말은 아이를 키운 부모, 키우고 있는 부모라면 한 번쯤

들었을 말일 거라고 생각한다.

큰아이가 엄마표 영어를 처음 시작할 때만 해도 주위에 엄마표 영어를 하는 사람도, 하는 듯 보이는 사람도 없었다. 물론 우리나라 곳곳에서 나처럼 진행하는 부모님은 있었겠지만 적어도 내 주위에는 없었다. 그러나 지금은 곳곳에서 엄마표 영어에 대한 이야기를 종종 듣는다.

〈엄마표 영어〉 이 말을 보면 '엄마표'라는 단어와 '영어'라는 단어가 접목되어 마치 '엄마가 영어를 가르쳐 주는 방법' 같은 느낌을 받을 수도 있을 것이다. 그렇기에 나처럼 엄마표 영어가 좋다는 것은 알아도 엄마가 영어를 못하니 할 수 없는 영역이라고 마음의 선을 그은 경우도 분명 있을 것이다.

하지만 우리 엄마들은 영어를 잘하고 잘 가르쳐 주는 영어 전문가일 필요는 없다. 그저 우리나라 아이가 우리나라 말을 배웠던 그 방법으로 영어라는 생소한 언어에 익숙해지도록 꾸준히 영어 환경을 만들어 주는 것만으로도 엄마의 역할은 다했다고 보기 때문이다. 그러니 TV나 CD기가 대신해 줄 수 있기에 엄마의 실력은 중요치 않다.

그렇다면 엄마표 영어에서 엄마의 역할이란 무엇일까? 나는 엄마표 영어를 마라톤이라고 생각한다. 출발선에서 시작은 같았으나 결국 종착지까지는 저마다의 숨 고르기와 속도로 완주해 내는 마라톤과 같다고 말이다. 함께 뛰기 시작하여 누군가는 1등의 영광을 얻겠지만, 마지막까지 완주하는 이에게도 1등 못지않은 박수와 응원을 보내주니 얼마나 멋진 스포츠란 말인가! 그렇다면 마라톤을 뛸 아이의 옆에 서 있을 엄마의 역할을 생각해 보지 않을 수 없었다.

아이의 영어 실력을 유창하게 만들어 좋은 고등학교, 좋은 대학을 보내 줄 수 있는 코치일까? 아니면, 아이의 엄마표 영어를 끝까지 완주할 수 있게 함께 뛰면서 위로해 주고, 노력해 주며 끝까지 아이의 손을 놓지 않고 함께 완주하는 러닝메이트일까? 그도 아니면 아이가 엄마표 영어라는 방향성을 보고 좋은 습관을 지닐 때까지 지지해 주고, 응원해 주는 그런 존재인 페이스메이커일까?

개인적으로 나는 페이스메이커에 가깝다고 생각했다. 처음에는 함께 뛰어 주지만 완주하는 그 순간까지 함께 뛰는 것은 아니라고 보기 때문이다. 즉, 아이 스스로 끝까지 완주할 수 있도록 처음에는 함께 뛰면서 바른 방향성을 잡아주고, 좋은 습관을 잡아주는 것까지의 역할이라고 본다. 그 역할을 함에 있어 엄마의 영어 실력은 전혀 문제가 되지 않는다고 말하고 싶다. 물론 엄마의 유창한 영어 실력은 분명 멋진 일이다. 그리고 엄마의 영어 실력이 엄마표 영어에 있어 많은 도움을 줄 수 있는 부분도 있다는 것을 부정하지는 않는다. 단지 내가 말하고 싶은 것은, 영어를 잘하는 엄마만이 엄마표 영어를 할 수 있다고 생각한다면 그 생각을 조금은 바꿔주길 바랄 뿐이다.

누군가 내게 '엄마표 영어가 무엇이라고 생각하세요?'라고 물어 온다면 나는 이렇게 말하고 싶다.

첫 번째는 언어입니다.

우리 부모들이 아이들에게 우리 말을 처음 가르쳐 줄 때 점수라는 것을 염두에 두진 않았을 것이라고 본다. 그저 아이와 소통을 위해 말을 가르쳐 주지 않았을까 싶다. 그런데 이 언어라는 것에 점수가 들어가는 순간 더 이상 〈말〉이라기보다 공부해야 할 과목이 되어 버리는 것은 아닐까?

그러니 부모의 마음은 조급해지기 쉽다고 생각한다. 왜냐하면 점수란 언제부터 준비해서 언제까지 공부하면 어느 정도 점수가 나와야 한다는 자기만의 기대 심리가 작용한다고 보기 때문이다. 그러한 마음을 부모가 가지게 되는 순간 아이 또한 조바심과 마음의 짐이 생길 거라고 본다.

그러니 엄마표 영어에서 영어는 배우고 익혀서 점수를 잘 받아왔으면 하는 개념을 버리고 그저 말, 소통의 언어로 받아주면 좋을 듯하다. 적어도 내 아이가 영어 점수에 맞춰서 언어를 배우고 자신의 한계를 정하지는 않았으면 하고 바라기 때문이다.

나는 아이 자신의 미래를 위해 언어를 배우길 원했다. 그랬기에 영어완성의 기간을 설정하거나, 점수를 정하지 않아 마음 편히 진행할 수 있었다.

두 번째는 엄마표 영어는 눈 맞춤이다. 엄마와 아이의 화합과 배려가 중요하다고 보기 때문이다. 아이와의 화합과 배려를 위해서는 "했니?", "해라", "했어?" 같은 말보다는 "같이 해보자!", "할 수 있겠어?", "어떻겠니?" "도와줄 것은 없니?" 같은 요청의 언어, 긍정의 언어, 믿음의 언어를 사용해야 아이의 마음도 열린다고 본다.

길다면 길고 짧다면 짧은 엄마표 영어라는 여행길에서 엄마와 아이의 눈 맞춤, 마음 맞춤, 속도 맞춤은 매우 중요한 부분이라고 생각한다. 꼭 엄마표 영어가 아니라도 그렇겠지만 말이다. 어쨌든 엄마표 영어를 함께해

나가는 엄마와 아이는 진행하는 과정에서 많은 대화를 할 수밖에 없다. 흘려듣기를 통해서, 집중듣기를 통해서, 영어책 또는 한글책 읽기를 통해서 아이와 수없이 많은 대화를 하며 마음을 알아가기 때문이다.

세 번째 엄마표 영어는 아이 주도 성장을 이끈다. 결국 영어라는 언어의 도구가 필요한 이는 아이다. 자유롭게 영어를 사용하면서 자신의 삶을 살아갈 사람은 바로 아이다. 그러니 엄마의 간섭, 조급함이 아이 스스로 할 수 있는 자립의 시기를 놓칠 수가 있기에 엄마 주도가 아닌 아이 주도로 성장시켜야 한다고 본다.

엄마는 옆에서 거들고 아이 스스로 한 발씩 나아갈 수 있게 도와주는 역할을 한다면 충분하다. 엄마는 아이들을 많이 사랑한다. 그래서 걱정을 더 많이 한다고 본다. 그런데 그 걱정이 어쩌면 아이의 발목을 잡아, 아이 스스로 헤쳐 나가기 힘들지는 않을까? 그러니 아이는 아이 스스로 자신의 나이만큼 잘 성장할 것이라고 믿어주고 기다려 주기만 해도 좋을 것 같다.

네 번째는 엄마표 영어를 만만하게 보는 것이다. 개인적으로 나는 엄마표 영어를 만만하게 본다. 그리고 나의 두 아들 또한 만만하게 본다. 이렇게 엄마도 아이도 만만하게 볼 수 있었던 것은 어쩌면 영어에 대한 기대치를 최대한 낮추었던 것은 아닐까 하는 생각을 해 본다. 어떠한 목표를 세우지 않아서일 수도 있다고 본다.

엄마의 역할이 아이에게 문제집을 풀게 하거나 읽고 쓰게 하고, 또 아니면 영어 그림책을 읽어줘야 했다면 나는 과연 이 엄마표 영어를 했을까? 다시 말해 엄마의 계획과 능력치가 많이 필요했다면 해줄 수 있었을까?

아마도 나는 여기까지 오지 못했을 것이다. 엄마가 해야 하는 역할이 큰 영어 습득 방법이었다면 말이다. 그리고 엄마표 영어를 통해 그럴싸한 고등학교나 대학교의 목표를 두었다면 이 또한 제풀에 꺾여 아이와 실랑이만 하다가 포기했을 것이다. 그만큼 엄마표 영어를 통해 자유로운 언어 구사 외엔 그다지 바라는 것이 많지 않았다.

그러니 점수도, 짧은 기간 안에 영어 완성이란 부분도 내 마음엔 없었기에 여유로운 마음에서 오는 만만함이었던 것이라고 본다. 그래서 엄마의 역할이 쉬웠고, 엄마표 영어가 한번 해 볼 만한 것으로 생각했다.

다섯 번째는 엄마표 영어는 융통성이다. 사실 나는 아이가 태어난 후 조리원에서부터 아이들을 비교하기 시작한 듯하다. 누가 몇 ml 분유를 먹고, 어떤 아이는 잘 자고, 또 어떤 아이는 눈 뜨는 시기도 빠르고, 뒤집기를 하는 시기도 빠르고 하면서 말이다. 이렇게 태어나는 순간부터 지켜보니 내 아이도, 친구의 아이도, 심지어 내 배 속에서 태어난 두 아이마저도 발달 속도가 달랐다.

이렇게 다른 아이들을 데리고 엄마표 영어를 하면서 이건 아이들 반응이 좋다고 하니 시키고, 저건 조금 더 빠른 방법이라고 하니 권하다 보면 엄마도 아이도 두 손 두 발 다 들지 않을까 싶다. 그래서 그 아이만의 엄마표 영어를 위해 엄마의 융통성이 필요했다.

개인적으로도 보면 첫째 아들의 영어를 완성할 시기에 둘째 아들을 진행하면서 같은 듯 다르게 하고 있으니 말이다. 그래서 엄마의 융통성으로 그날그날 아이와 엄마도 편안하게 대한다면 엄마표 영어가 쉽지 않을까 싶다.

엄마표 영어를 시작하시는 분이 계신다면, 아니면 현재 진행 중에 계신 엄마라면 '엄마표 영어를 선택한 엄마 자신과 아이를 믿었으면 좋겠어요.'라고 응원하고 싶은 마음이 간절하다. 솔직히 처음 시작하려고 했을 때 '할 수 있을까?'라며 엄마인 나를 믿기 힘들어했지만, 진행하는 과정에서도 바로 가고 있는 것인지 의심하고 불안해했었다. 하지만 어느 순간 엄마와 아이의 꾸준한 영어 환경이 주는 복리의 마법 같은 시간을 믿었다.

나는 개인적으로 속성으로 배우는 것을 선호하지 않는 편이다. 속성으로 배운다는 것은 빠른 결과를 얻을 수 있다는 것을 잘 알지만 말이다.

하지만 적어도 꿈을 향해 가는 것이나 자기 인생이 바뀔 공부를 하는 것, 운동하는 것 등은 속성보다는 다른 방법을 선호한다.

즉, 적어도 이러한 부분은 속성으로 배우기보다 조금은 느려 보여도 다지고 다져서 자기 것으로 만들어 가야 하는 부분은 있다고 믿기 때문이다. 이렇게 말하면서도 고백한다면 나 또한 엄마인지라 첫째 아들의 엄마표 영어를 진행하면서 속성으로 하고픈 마음이 들 때도 있었음을 부인하진 않는다. 단어를 쓰게도 해보고, 뜻을 외우게도 하면 조금은 더 빨리 완성하지 않을까? 하는 마음에서 말이다.

그러나 긴 삶을 살아본 건 아니지만 속성보다는 다지고 다져서 자기 것으로 만든 것이 진짜 자기 것이란 것을 삶을 통해 많이 느꼈다. 그래서 엄마표 영어를 하면서 욕심과 같은 마음을 내려놓을 수 있었다.

바른 방향성과 바른 방법에는 저마다의 속도가 다를 뿐 종착지는 같다는 것을 믿었기 때문이다. 그러니 엄마와 아이의 두 마음만을 붙잡고 한발씩 나아간다면 세상 무서울 것이 있을까 싶다.

또한 우리가 살아가면서 긴 시간을 보이지 않는 믿음 하나로 엄마와 아이가 하나가 되어 성장해 나갈 수 있는 일이 얼마나 많을까 싶기도 하다. 그 끈끈한 믿음의 밧줄을 어쩌면 이 엄마표 영어가 엄마와 아이의 둘 사이를 더욱더 단단히 동여매 주지 않을까 싶다. 어쩌면 지금 둘째를 진행하고 있는 엄마인 나에게 다시금 응원하고 있는 말인지도 모르겠다.

아이의 눈빛을 언제나 읽고 싶은
엄마맘 아이맘 권료주

제3장 영어 1도 못하는 엄마도 성공할 수 있을까?

제4장 엄마표 영어 세상 쉽다 쉬워

제5장 엄마표 영어 자주 하는 질문

제1장
엄마표 영어의 시작

7살 영포자 엄마의 고민

엄마는 뭐든 먹고 싶다고 하면 뚝딱 만들어 주는 사람이었다. 엄마는 여자에서 엄마가 되면서 곤충 사체, 뱀 허물까지 만질 수 있는 사람이 되었다. 아이가 25개월 되던 해의 11월 중순 올해를 못 넘길 것 같다는 의사 선생님의 말씀에 다리와 가슴이 휘청 내려앉았다. 억장이 무너진다는 말을 처음으로 느낀 어느 날에도 아이 앞에서만큼은 괜찮은 얼굴을 할 수 있는 사람이었다. 매번 링거 바늘을 바꿀 때마다 더 이상 꽂을 곳이 없어 고통에 발버둥 치는 아이의 몸을 움직이지 못하게 엄마의 온몸으로 누르면서 엄마는 또 단호하게 말했다.

"스무 개만 세면 링거 바늘을 바꿀 수 있을 거야 참아보자 하나, 둘, 셋……." 하면서 말이다. 이런 엄마는 병원에서 아이와 함께 싸워가면서도 앞에서는 단 한 번도 울거나, 흔들려 하지 않는 사람이었다. 그런 엄마인 내가 아들 앞에서 가장 자신 없는 것 중 하나가 영어였다.

아이가 7살쯤 이제 엄마의 환상은 물 건너가겠다고 생각할 일이 일어났기 때문이었다. 비가 와서 외출하지 못한 그날은 아들이 온통 엄마 옆에서 껌딱지처럼 붙어서 궁금한 걸 물어보는 날이었다. 이것저것 묻던 아이가 나를 빤히 바라보다가 "엄마." 하며 내 가슴에 손가락을 누르며, 아니 찌르는 것이었다.

"왜 그래. 엄마는 여기 찌르면 아파." 하니 "엄마! 이거 D(디) 아니에요?"라며 입고 있는 티셔츠에 적힌 큼지막한 글자들을 하나하나 읽어 나가며 묻는 것이었다.

"와! 아주 멋지다. 우리 아들 진짜 진짜 멋진 걸 이걸 다 알다니." 하고 칭찬을 하는데 또다시 아들이 물었다. "이 글자는 무슨 뜻이에요?"라고 말이다. 순간 엄마의 당황하는 동공을 아들은 눈치채지 못했다. 그러나 엄마는 아무 말도 할 수 없었다. 매번 입는 티셔츠에 적힌 글을 읽어볼 생각도 없었다. 혹 그럴 마음이 있었다고 해도 그 긴 글을 읽어낼 실력이 안 되었기 때문이었다. 아, 드디어 올 것이 왔구나! 아들 앞이었지만 사실 창피했다.

이런 나는 엄마표 영어 이전엔 그냥 엄마였다. 영어를 잘하는 엄마, 영어가 전공인 엄마, 영어로 수입을 창출하는 엄마, 그 어느 엄마에게도 속하지 못하는 나는 그날 영어 못하는 엄마로 명칭이 바뀌는 날이 되었다.

엄마인 나는 사실 영포자였다. 변명하자면 나의 중학교 1학년 2학기부터 고등학교 2학년 올라가는 해까지 우리 집은 전쟁터였기 때문이다. 아빠의 오해에서 비롯된 일이 오해에 또 다른 오해를 불러일으켜 맹렬하게 싸우는 부모님의 부부 싸움을 구경해야 했고, 공포였고, 때론 좌절이었다.

그땐 지금과 다르게 중학교 1학년에 처음 알파벳을 배우는 세대라 영어라는 것을 처음 알았을 때는 많이도 설렜다. 그리고 영어를 배운다는 생각만으로도 기분이 좋았다. 팝송을 유난히 좋아하는 큰 오빠의 영향으로 무슨 뜻인지도 모르는 오래된 팝송을 한글로 표기해 가며 따라 부르는 나였다. 나도 언젠가 영어를 잘해서 남들 보기에 있어 보이고 싶었고, 작은 겨드랑이 사이로 영어 신문 하나 끼우고 걸어 다녀 보고 싶었다. 그래서 나를 보는 친구들이 부러운 눈으로 보게 해야지 했던 그 모든 꿈은 물거품이 되었다.

부모님께서는 일주일에 3일 때로는 4일은 부부 싸움을 하셨다. 그러하다 보니 복습, 예습은커녕 숙제도 못 해가는 날들이 늘어났다. 그런 내겐 점점 학교 공부는 남의 일이 되어갔다. 그나마 아버지께서 약주를 드시지 않았거나, 부부 싸움을 하시지 않는 날은 세상에서 가장 모범적인 가정, 세상에서 가장 착한 아이들처럼 행동해야 했었다. 가정환경이 그러해서인지 동네에서 가장 착하고 인사성 바른 아이들로 엄마는 너무나 엄격하게 예절을 가르치며 키우셨다.

그 덕분인지 적어도 나는 삐뚤어지지는 않은 것 같다. 그냥 그게 다였다. 삐뚤어지진 않았지만 공부는 못하는 아이 말이다. 말만 많고 장난을 잘 치는 그런 남자 같은 여자아이 딱 그게 나였다. 그러니 나는 요즘 말하는 영포자, 수포자였다. 아니, 학포자라고 말하고 싶다. 또 다른 이유는 내가 다닌 고등학교는 공식적으로는 인문계열 여자고등학교였다.

하지만 지금 생각해 보면 시범적으로 특성화고를 한 듯하다. 자연계, 인문계, 상업계 세 개의 계열을 정해서 운영했고 고등학교 2학년이 될 때 어느 계열로 갈지 선택해야 했다.

어느 새벽에 엄마의 권유로 나는 상업계열로 갈 수밖에 없었다. 그때쯤 우리 집은 분위기가 많이 바뀌어 있었다. 그래서 이제라도 공부를 열심히만 하면 잘 될 것 같았다. 아주 잠깐이지만 희망도 품었다. 그런데 하필 그때 상업계열로 가란 말은 정말이지 받아들이기 힘들었다. 무엇보다 나는 상업계열에 가야 하는 것 자체를 무척이나 창피해했기 때문이었다. 그러나 나에겐 엄마의 한숨과 눈물 앞에서는 선택권이 없었다.

3년간의 상업계열 공부를 2년 만에 다 해내야 했던 우리 학교는 웬만한 인문계열 수업은 상업계열 수업으로 대체했다. 영어 수업도 있었지만, 비중이 작았고, 나는 영포자였으므로 더 이상 흥미가 생기지 않았기에 점수가 좋을 리 없었다. 이런 엄마, 이런 영포자 엄마인 나는 사실 남편에게도 말할 수 없었다. 왜냐하면 팝송을 유창하게 부르고, 그 뜻도 알고 있었기에 적재적소에서 조금씩 사용을 했기 때문이었다. 그 덕분인지 누구도 내가 영포자였던 것을 눈치채지 못하게 하는 비범한 능력의 소유자가 되었다. 심지어 내 혈육마저도 내가 공부를 엄청나게 잘하고 영어는 수준급인 줄 알았으니 말이다. 그런 엄마가 아들이 7세가 되고 가슴에 새겨진, 내 등에 새겨진 단어를 읽어 달라고, 해설해 달라는 말에 얼음 땡처럼 심장이 멈췄다.

올 것이 왔구나. 아주 자세하게 꼼꼼하게 하나하나 묻는 아들의 눈을 보면서 있는 척, 아는 척은 통하지 않았다. 그날 나는 빠르게 내 아이 영어 공부를 시킬 방법의 정보들을 수집해야 할 사명감을 느꼈다.

만날 수밖에 없는 엄마표

"영어교육의 적기는?", "어느 학원이 좋은가요?", "몇 살 때부터 학원을 보내나요?", "어떤 책을 먼저 보여줘야 하나요?"

초록 검색창에 무수히 많은 질문을 해보았다. 그리고 답변에 그 답변을 이어가면서 매일 꼬리에 꼬리를 물 듯 찾기 시작했다.

엄마인 내가 직접 해 줄 수 있는 것이 없으니 나는 내내 얼굴도 모르는 선배 엄마들의 글들을 찾기 시작했다. 내 주위엔 물어볼 곳이 사실 없었다. 나중엔 알았지만, 그땐 있었어도 나는 묻지 않았을 것이었다. 나의 영어 수준을 노출하고 싶은 마음이 전혀 없었기 때문이었다. 남편도 모르는 나의 영어 실력을 남들에게 말할 용기가 있었을까 싶다.

그래서 매일 밤 아이가 잠들면 검색에 검색해나가다가 우연히 엄마표 영어 공부법을 알게 되었다. 다시 폭풍 검색을 해보니 책도 출판되어 있었고 사이트도 개설돼 있었다. 처음에는 망설였다. 책을 사는 것도 망설여졌었다. 어떤 것인지 모르니 돈을 주고 구매해서 내게 별 도움이 되지 않는다면 돈이 아깝다는 생각이 먼저 들었기 때문이었다. 사이트 가입도 누구에겐 적은 금액이었겠지만, 내겐 선뜻 가입하기엔 조금은 불편한 금액이었다.

하지만 내 마음을 흔든 색다른 단어 '엄마표 영어'라는 단어가 무시할 수 없을 만큼 마음을 두드렸다. 나는 모든 영어는 학원과 학교에서 아니면 개인과외로 배우는 줄 알았다. 아니면 집에서 영어 정도는 자유롭게 사용할 수 있는 가정환경에서만 배울 수 있다고 생각했다.

하지만 내가 생각해 왔던 부분과는 완전히 다르다는 것을 느꼈다. 그래서 이 새로운 방법에 대한 궁금증을 풀어봐야겠다는 생각만이 머릿속을 맴돌았다. 그러나 검색할 때만큼은 성공담 보다 오히려 실패담을 먼저 살펴보았다. "무조건 됩니다."라는 것은 내가 살아본 경험상 그다지 많지 않았기 때문이다. 그래서인지 새로운 환경이 생기거나 새로운 지식이 생기면 부정적인 것부터 확인해야 마음이 편해지기 때문이었다.

엄마표 영어의 힘든 점, 실패담 등 온갖 부정적인 말들만을 검색해 놓고는 막상 그 글들을 보니 순간 겁이 나기 시작했다. 잠시 잠시 흔들리는 마음을 그 부모와 나는 다를 수 있을 거라며 애써 안심시켜 보았지만 말이다. '일단 책을 먼저 보자. 진짜인지 아닌지.'라며 흔들바위처럼 쉽게 흔들리는 마음을 애써 누르면서 책이 오길 기다렸다.

드디어 책이 왔다. 내 키보다 높은 우편함에 꽂혀있는 책을 꺼낼 때 그만 손에서 미끄러져 머리 위로 떨어졌다. "아! 진짜!" 하고 투덜거리며 눈물이 핑 도는 눈을 하고서는 빨간 벽돌집 2층으로 가는 계단을 올라갔다. 그리고 누런 포장 봉투를 뜯는 순간 책의 두께와 무게에 놀랐다. 물론 조금 전 내 머리에 벽돌 하나 맞은 듯한 살벌한 무게감은 몸소 익히 알았지만 말이다. 책으로 눈을 돌려 스르르 대충 훑었어도 살면서 이렇게 자세하게 적힌 글은 처음이다 싶을 만큼 구성이 잘 되어 있었다.

아이들이 좋아하는 영어책 소개와 영어 DVD 소개 등 너무나도 꼼꼼함에 또 한 번 놀랐다. 솔직히 엄마표를 하든, 하지 않든 상관없이 이 책 속에 있는 정보만 가지고도 돈값은 하겠다는 생각이 들었다. 또 이 책에 소개된 책들을 구해주거나 영어 애니메이션을 보여줘도 좋겠다고 생각했다. 그날 밤 오랜만에 출동을 갔다 온 남편에게 그동안의 이야기를 했다.

남편은 직업 군인 중 'SSU' 특수부대 출신이었다. 한번 출동을 나가면 어디로 가는지 언제 오는지도 모르게 움직였다. 밤에 출동이 걸리면 바로 짐 싸서 나가고, 출근했다가 출동이 걸리면 전화가 와서는 "이제부터 연락이 안 될 거예요. 출동 가요."의 짧은 말 한마디면 그때부터 연락 두절이었다. 그러면 육아는 온전히 내 몫이었다. 그 기간이 일주일, 때론 몇 개월이 되기도 했다. 그런 남편이 타이밍도 기가 막히게 책이 온 날 집으로 왔다.

언제나 말없이 나의 말을 잘 들어주는 남편과 온갖 말을 쏟아내는 나의 말속에 오늘은 조금 고급스러운 주제였다. 내 아이 영어. 엄마표 영어였다.

남편의 첫 반응은 "할 수 있겠어요? 자세히는 잘 모르겠지만 부모가 영어 정보를 많이 알고 또 영어를 잘해야 할 것 같은데 가능하겠어요?"였다. 그다음은 "책을 한 번 같이 보고 연구해 봐요."였다. 그래서 알게 된 사전 지식을 남편에게 들려주며 희망 있게, 때론 나도 실패할 수도 있겠다는 생각과 함께 주절주절 이야기를 이어갔다. 아이 아빠가 엄마표 영어에서 나의 편이 되어주려 하는 느낌을 받자 힘이 났다. 왜냐하면 남편은 영어를 곧잘 했기 때문이었다. 그런 남편이 "이건 안 되는 거예요."라고 말하지 않고 찬찬히 내 말을 경청하면서 책을 살짝살짝 펼쳐 보는 눈빛이 달랐기 때문이었다. 남편에게도 뭔가 감이 온 것이다. 단감보다, 대봉감보다 맛나고 탐스러운 영어의 감이 온 것이라 믿었다. 며칠 뒤 책을 먼저 본 남편이 내게 이런 말을 했다.

"우린 우리와 다르게 아이를 교육해 봐요. 솔직히 학교에서, 학원에서 몇 년을 아니, 거의 10년 넘게 배웠지만 결국 시험 칠 때 점수 말고는 외국 사람과 제대로 대화 한마디 못 하지 않나요? 그렇지 않나요?"

"……."

'전 영포자였어요.'라고 마음속으로 말하면서 나는 남편의 말을 듣기만 했다.

"그래서 고등학교를 졸업하고 대학교를 졸업하고도 진짜 영어가 필요한 사람은 또 학원에 가서 말하는 법을 배우잖아요. 사실 자기도 나도 제대로 된 영어가 되는 건 아니잖아요. 그럼 우린 우리 세대와 다르게 키워봐요. 딱 반대로 키워봐요. 여기 이곳처럼."이라고 말이다.

내 마음대로 되는 게 아니구나

"엄마표 영어, 이렇게 하면 성공합니다."

"내 아이 엄마표 영어, 이렇게 했어요."

온갖 엄마표 영어를 성공시킨 선배 어머님들의 글을 마치 고시 공부하듯 보면서 흔들바위 마음은 다시 긍정의 얼굴로 바뀌기 시작했다.

처음 엄마표 영어 관련 사이트에 가입하고 나서 5개월 넘게는 매일 뜬 눈으로 지새웠던 것 같다. 정보의 양이 어마어마했기 때문이었다. 그렇게 열심히 공부하다 보니 조금씩 의문점이 생기기 시작했다.

"이분들의 아이들은 정말 이런 일정을 소화해 내는 걸까? 아이들은 불만이 없을까?"

그냥 겉으로 보기엔 하루 중 영어가 차지하는 시간적 비중이 커 보였기 때문이었다.

'뭐 그래도 이렇게 해서 영어를 완전 능통하다면야 해보지, 뭐.'라고 생각하며 선배님들의 말에 귀를 기울였다. 그러다가 또다시 '헉, 이건 또 뭐야!' 하는 게 보였다. 선배님들은 친절하게 알려주셨다.

'내 아이 영어 성공의 비결은 꼼꼼하게 월간 계획, 일 년 계획 등을 잘 짜야 한답니다. 어떤 책을 어떻게 안배해서 보여줄 것인지, 어느 시점에 어떤 책을 보여줘야 하는지 잘 선택해야 한답니다. 또 어떤 영상을 보여줘야 하는지, 그리고 아이의 언어 수준을 보려면 이런저런 미션을 충족한 후 신청하면 체크할 수 있어요.' 라고 그분들의 비밀 무기들을 대방출해 주셨다. 그분들의 성공 노하우가 크면 클수록 나는 점점 작아졌다.

나는 저렇게 많은 책을 알지 못했다. 나는 저렇게 세심하게 계획을 짤 자신이 없었다. 나는 저런 방대한 정보력이 없었다. 무엇보다 나는 여기 있는 선배맘들의 열정만큼의 열정이 없었다. 미친 듯이 아이의 영어를 성공시켜야 할 이유를 찾지 못했고, 또 영어를 잘해서 아이의 인생이 얼마나 달라질지 미래의 청사진도 없었다.

문제는 부러움은 있으나 의지가 없는 엄마였다. 또 욕심은 있었으나 시간과 체력이 더없이 부족한 엄마였고, 무엇보다 나는 그곳에 등장하는 엄마 같은 실력이 없었다. 그곳에 존재하는 선배맘들은 영어 그림책 한 권 정도는 쉽고 재미나게 읽어줄 수 있는 실력을 갖춘 엄마들로 보였다. 영어 전공자도 있었고, 영어를 좀 한다는 엄마도 있었기 때문이었다. 가끔 '나는 영어 못해요.' 하는 선배님이 보이긴 했지만, 나처럼 숨어서 활동하는지 많이 소개돼 있지 않았기에 나는 점점 지쳐갔다. 지쳐갔다기보다 주눅이 들었고 나는 못 할 것이란 생각이 더 지배적이었다고 보면 될 듯하다.

잠이 덜 깬 어느 아침 세수를 하고 거울을 보는데 물을 머금은 거울 속 얼굴이 더 선명하게 보였다. 몇 시간 전까지 나를 주눅 들게 한 엄마들과 나의 모습이 비교되면서 한층 초라해졌다.

눈물이 또르르 흘러내렸다. 그날의 눈물은 참 굵었던 것 같다. 눈물 한 방울이 방금 세수한 물과 함께 입안으로 들어왔지만 짭조름한 그 눈물의 맛이 더 선명했으니 말이다. 학교 다닐 때 공부 좀 할 걸, 집이 그러했다고 핑계 대지 말 걸 하면서 그날 처음으로 영어를 못하는 나 자신이 스스로 용서되지 않았다.

영어가 뭐라고 한국 사람이 한국말만 잘하면 되지 왜 영어 때문에 내가 그렇게 울었는지 모르겠지만 말이다. 어쨌든 그날은 마치 한국 사람이 한국말을 못하는 바보 같은 느낌이었다. 그날의 영어에 대한 열정은 폭망했다. 그날 나의 자존감은 더더욱 폭망했다. 그리고 한여름에 소나기 한 번 오지 않은 밭의 농작물처럼 모든 것이 시들시들해져 갔다.

며칠을 의욕 없이 지내다가 "그래, 뭐 인정하자. 깨끗이 인정하자." 나는 여기 계신 선배님들처럼 그렇게 하지 못함을 인정했다. 인정하고 나니 머릿속이 선명해졌다.

저곳에서 성공한 아이들은 내 아들이 아니었다. 저곳에서 성공시킨 엄마는 내가 아니었다. 그렇다면 나의 아들에게 맞는 방법을 찾아서 엄마표로 할 수 있지 않을까? 하는 생각이 문득 들었다. 그래서 무엇을 취하고 무엇을 버려야 할지 명확하게 구분해 나갔다.

나만의 엄마표를 만들어 보자. 비슷한 방법일 수 있겠지만 그래도 내 아이만의 방법으로 그렇게 해 보기로 했다. 그리고 남편에게 나의 영어 실력에 대해 말했다.

아주 자세하게 말하긴 죽기보다 싫어서 '나 영어 못해요. 학교에서 이러이러해서 잘하지 못했고 배울 시간이 없었어요.' 라고 말이다. 그리고 학교와 친정을 잠시 탓하면서 구렁이 담 넘어가듯 그렇게 은근슬쩍 입안에서 말을 흘려보내듯 말을 했다. 이 또한 고백이라고 마음이 조금은 편해졌다. 이젠 제대로 도움을 요청하고, 도움을 받으면 되는 거였기 때문이었다.

아하! 무식한 엄마의 깨달음

시래기가 파릇하게 다시 무 줄기가 된 계기는 단 하나의 생각에서 비롯되었다. '그래, 영어도 어차피 언어다. 미국 사람도 아이를 낳으면 분명 우리 아이들처럼 가르쳐 줄 것이다. 왜? 말이니깐. 욕심 가지지 말고 말의 유창성, 있어 보이는 말투, 발음 등을 일단 미뤄보자.'

큰아들이 우리말을 배웠던 때를 되돌려 생각해 보면 처음엔 무수히 엄마의 수다를 듣기만 했다. 엄마가 쭈쭈병(젖병) 하면 젖병을, 기저귀 하면 기저귀 쪽으로, 맘마 하면 이유식을 바라보았다. 무엇보다 어느 날 '엄마.', '아빠.' 하니 나를 뚫어져라 쳐다봤다. 처음엔 그냥 엄마의 수다 삼매경을 듣기만 하다가 어느 날 큰아들 입에서 "아빠."하고 말을 내뱉었다.

그날 나는 사실 너무나 서운했다. 아빠는 있는 날보다 없는 날이 더 많았고 나는 24시간 풀가동으로 쉬지 않고 말했는데 엄마보다 아빠란 말에 너무 서운했던 기억이 아직도 또렷하다. 그렇게 말문이 열린 아들은 그때부터 자신이 그동안 들은 단어들을 손가락으로 가리키며 어설픈 발음으로 외계어 같은 말을 시작했다.

그래도 난 다 알아들었다 엄마니깐. 그다음은 나와 함께 책을 읽었던 것을 읽어내기 시작했다. 처음 책을 읽어 내려갈 땐 영재 소년이 된 것처럼 여기저기 자랑했었다. 그래서 친정에 갈 때도 시댁에 갈 때도 큰아들이 읽어내는 책은 언제나 꼭 챙겨야 하는 물건이었다. 아들의 책 읽기는 자랑거리이자 내 어깨 뽕뽕이를 맘껏 세울 수 있었기에 말이다. 그렇게 듣고, 말하던 아이가 7세가 되어 본격적으로 어린이집에서 받아쓰기를 시작했다. 그러고는 초등학교 1, 2, 3학년 때까지 받아쓰기 숙제와 시험을 쳤다. 듣고, 말하고, 읽고, 쓰고 이것이 우리 아들이 한국말을 유창하게 배운 순서였다.

그렇다면 미국, 영국 아이들은 달랐을까? 그 아이들은 특별한 유전자라 태어날 때 바로 발음기호와 쓰기부터 하는가? 란 질문을 한다면 모든 부모가 고개를 절레절레할 것이다. 미국에서 살아 보지 않았어도 우린 다 안다. 그렇게 배우지 않는다는 것을 말이다.

그렇다면 파닉스가 굳이 필요한가? 나는 사실 파닉스를 잘 몰랐다. 파닉스에 대해 따로 공부해 본 적 없는 나로선 파닉스라고 하면 버터 발라 놓은 듯한 미국식 발음으로 말을 잘하는 것 정도였다.

어른이 되어 스피치 강좌를 들은 적이 있었다. 아야어여, 가갸거겨 등

한 글자 한 글자 발음을 정확하게 이야기해 주고 어떤 발음은 입술이 옆으로, 또 위로 벌어지고, 어떤 글자는 혀가 이빨 안쪽에 짧게 닿았다가 떨어지고 등등을 배웠다.

처음 아이에게 "엄마."를 가르칠 때를 생각해 보면 "아들, 잘 들어. 엄마를 부를 땐 입술을 처음에 붙이고 '엄'하고 발음하고 입술을 크게 벌리면서 '마' 이렇게 해야 엄마가 더 잘 알아들어. 또는 아빠는 좀 더 어려우니, 잘 들어 블라블라." 이렇게 알려주는 것이 아님을 알았다. 뭐, 어때. 우리 아이 우리 맘대로 키우는 엄마표 영어인 것을 하고 생각하고 나니 마음이 조금 편해졌다. 그래서 파닉스는 일단 버리기로 했다. 물론 파닉스가 무조건 필요 없다는 것은 아니다. 조금 더 체계적으로 파닉스를 배운 아이와 그렇지 않은 아이와는 분명 차이가 있다는 것을 인정하지 않을 수 없다. 단지 내겐 넘사벽의 파닉스를 살며시 내려놓음으로써 마음의 짐을 덜어낸 것이었다. 그리고 나중에 필요하게 되면 그때 배우면 된다고 생각했다.

우리말을 자유롭게 말할 수 있는 성인이 된 뒤 스피치 강좌에서 발음을 배웠던 지금의 나처럼 그렇게 시간을 조금 벌려고 했던 것이다.

지금도 '그럼 파닉스는 필요 없나요?'라고 한다면 현재 둘째를 3년 조금 넘게 엄마표를 하고 있지만, 파닉스를 하지 않고 있다. 첫째가 배우지 않았어도 발음에 문제가 없었기에 둘째도 필요 없다는 것이 아니다. 아이마다 다르기 때문이란 것은 나도 이 글을 보는 모든 분도 다 아는 사실일 것이다. 단지 둘째의 파닉스가 필요하여질 시기가 있을지 지켜보고 있다는 말이다. 내가 생각하는 파닉스가 필요한 시기는 충분히 듣고, 말하고, 읽을 수 있는 시기 즈음으로 보고 있다.

처음에는 파닉스의 규칙에 맞추는 것이 아니라 듣고 말하는 것에 포커스를 맞춰서 아이가 편하게 글을 읽고 입으로 내뱉을 수 있는 환경을 만들어 주고 싶은 것이다. 물론 큰아들처럼 파닉스 자체를 하지 않고 넘어가길 간절히 바라지만 말이다.

그렇다면 문법은 필요할까? 파닉스도 모르는데 문법을 알 엄마였겠는가? 이쯤 되면 이 엄마 진짜 영어 모르네! 소리가 나오지 않을까 싶다. 나는 소위 찐 영알못 엄마였다. 그러니 문법은 우리나라 국어 문법도 개나 줘버려 하는데 영어 문법은 오죽할까?

그 시기 나는 문법 또한 파닉스처럼 시작하는 단계에서는 바로 배우게 할 필요성을 느끼지 못했다. 생각해 보자. 우리 아이들이 커가면서 많은 체험학습을 한다. 특히 딸기 따기, 사과 따기는 가정이나 어린이집 또는 유치원에서 필수 코스처럼 자주 하는 활동 중 하나이다.

큰아들이 어릴 때 사과 따기 체험을 하러 간 적이 있었다. 이렇게 사과 하나를 따는 것에도 많은 문법이 적용된다고 본다.

아들이 사과를 따러 갔다.

아들이 사과를 딸 것이다.

아들이 사과를 따고 있다.

아들이 사과를 따서 왔다.

우린 여기에서 이건 과거형이야, 이건 미래형이야, 이건 현재 진행형이야라고 알려 주지 않는다. 그리고 '문법에 맞게 상대방이 잘 알아들을 수 있게 말하고 써야 해'라고 처음부터 가르치느냐고 묻는다면 또다시 모두

고개를 절레절레할 것이다. 문법 물론 아주 중요하다. 국어에서도 영어에서도 말이다. 단지 이것 또한 처음에는 그렇게 신경 쓰지 않아도 자연스럽게 알게 되는 부분이 있다는 것이다. 큰아들은 초등학교 졸업 때까지 동사도 배운 적이 없다고 한다. 내가 영어 문법을 하브루타로 배워온 날이 있었는데 그날 기억나는 대로 주절주절하며 물으니 정말 몰랐다. 문법에서 사용하는 용어 자체를 배운 적이 없다는 아들이지만 영어 원서를 만화책 보듯 보는 아들이었고, 자기가 적고 싶은 글은 편하게 적을 수 있는 아들이었다. 파닉스와 같은 맥락으로 문법 또한 처음 시작하는 시기에는 적어도 내겐 그다지 중요한 부분이 아니라고 판단했다.

나의 첫차는 빨간색의 중고 티코였다. 그 차를 타고 운전할 때는 앞뒤 차들이 바로 옆에 있는 듯 보여 룸미러, 백미러를 그다지 신경 쓰지 않고 운전했다. 그러다 아이가 조금 더 자라니 2시간 가까이 걸리는 시댁으로 갈 때 고민이 되었다. 특히 안전에 문제가 있어 다시 중고로 레조를 샀다. 운전이 서툰 나는 티코의 아빠뻘인 레조를 처음 운전할 때는 정말 두려웠다. 그러던 어느 날 2차 선만 타고 차선 변경 한번 없이 갈 수 있는 친정으로 간 적이 있었다. 그날 나의 형제 중 기계를 잘 다루고 운전 실력은 웬만한 카레이싱 수준인 작은 오빠가 와 있어 도움을 요청했다.

"오빠야! 나는 옆에 백미러(사이드미러)를 어찌 맞추는지 모르겠다 가르쳐줘."

그랬더니 나를 운전석에 앉히고는 자동차 뒤로 가서 조금 떨어진 오른쪽 끝에서며 "내가 보여? 내가 보이게 맞춰봐라." 그러고는 다시 왼쪽으로 가서는 똑같이 맞추면 된다고 했다.

그래서 다시 질문했다. 지금은 오빠가 보여서 맞추었지만, 최 서방(남편)이 자기 키 높이에 맞추고 난 뒤 다시 내가 운전하려 맞출 땐 오빠가 없지 않냐고 말이다. 그러니 잠시 멍하던 오빠가 "그냥 많이 해보면 안다. 백 번 말해봐도 모른다. 자주 맞추면서 타고 다니다 보면 아! 하고 알게 되는 날이 있을 거야."라고 말했다.

그냥 많이 운전하다 보면 실력이 늘어난다고 말하는 것처럼 마치 문법도 그런 것 아닌가 하는 생각도 들었다. 처음부터 문법에 맞게 따져가며 읽고 쓰기보다 지속해서 영상을 보고 들으면서 글의 문장을 반복적으로 접하게 하는 것. 그러다 보면 아이 스스로 뭔가 이상한 부분을 수정해 나가지 않을까 해서였다.

그리고 무엇보다 엄마도 모르는 문법을 가지고 아이와 실랑이를 해야 하는 부분은 나 스스로 자신이 없었고, 오히려 엄마인 내가 먼저 포기하려 들지 않았을까 하는 부분도 큰 이유였을 것이다. 이렇게 지금 당장은 불필요 한 부분인 것을 제거하고 나니

'그래, 이건 이기는 싸움이야.'

'이건 시간과의 싸움이고, 엄마의 귀차니즘과의 싸움이야.'라고 결론이 나면서 나도 엄마표 영어로 내 아이에게 영어의 자유로움을 줄 수 있다는 자신감이 그리고 작은 용기가 생겼다.

넉넉하지 않은 엄마의 고민 시작

우리 집은 외벌이였다. 25개월에 첫 수술을 한 큰아들은 6세 때 수술 하고, 7세 때 또 한차례 수술을 한 병약한 아이였다. 어쩌면 태어나는 순간부터 아팠을지도 모를 아이를 엄마의 부족함으로 인해 늦게 알게 되어 큰 수술을 하게 했는지도 모르겠다며 후회도 많이 했었다. 소화기 부분이 튼튼하지 못했던 큰아들은 먹는 부분도 약했고, 유행하는 모든 병은 이 아이 차지라 할 정도로 병치레가 심했다. 그래서 언제나 가족들이 전화가 올 때면 나는 죄인이 되었다.

"또 아프냐?"

"어디 가?"

"네가 잘못 키우는 것 아니냐?"

그런 말을 들을수록 난 더욱 철저하게 소독과 청소를 했다. 나도 아이도 손이 닳아져도 되겠다 싶을 만큼 자주 씻었다. 그러면 또 "그렇게 씻으니 오히려 면역력이 떨어지지."라는 말에 다시금 상처받았었다. 이러한 아이는 초등학교 5학년까지 한 달에 한 번은 병원에 가지 않는 달이 거의 없다시피 했다. 그랬기에 나가서 일할 생각을 하지 못한 채 매일의 시간을 보냈던 것 같다.

전업주부가 꿈도 아니요, 신랑의 월급이 많아서도 아니었지만, 집에서 아이를 돌보는 것에 온통 관심을 가질 수밖에 없었다. 5살이 된 뒤 아이를 어린이집에 보내놓고 아이가 없는 시간에 독서 지도법을, 신문 NIE를 배우고, 아이와 활동할 만들기 수업 등을 하나씩 배워나갔다.

나는 내 아이를 하나부터 열까지 스스로 돌봐야 하는, 모든 것이 엄마표여야 하는 이유가 분명했기에 망설일 시간이 없었다. 또한 내가 할 수 있는 것은 집 안에서 아이를 돌보면서 돈을 벌 수 있는 일을 찾아야만 했다. 소위 인형 눈 붙이는 것은 어디서 하는지도 모르겠고 밤 까기, 마늘 까기는 죽기보다 하고 싶지 않은 일이었다.

그래서 내가 잡은 것이 주식이었다. 큰아들의 돌잔치가 끝나고 몇만 원 부족한 200만 원 남짓한 금액으로 주식을 간간이 하였기에 내겐 그것 말고는 딱히 할 만한 것이 없었다.

아이가 초등학교 1학년을 올라가면서 남편의 수입에서 약값이 차지하는 비중도 높아지기 시작했다. 왜냐하면 아들의 성장이 또래보다 한참을 못 미쳤기에 매일 호르몬 주사를 맞아야 했기 때문이었다. 남편은 효과가 과연 있을까 하며 회의적이었지만, 이 또한 엄마의 욕심이라고 해도 엄마

욕심을 내려놓을 수 없었다.

초등학교 저학년 때는 아이 몸무게에 맞게 큰 금액이 들진 않았지만, 아이의 몸무게가 올라갈 때마다 용량이 늘어나니 약값도 늘어나기 시작했다. 그래서인지 집에 구색 맞는 책이나 장난감이 그다지 많이 없음을 이렇게라도 변명하는지도 모르겠다. 어쨌든 엄마표 영어를 본격적으로 시작하려고 책장을 둘러보는 내겐 한숨이 먼저 나왔다. 집에 있는 영어책이라곤 어린이집에서 받은 책과 6세 때 홈쇼핑을 보다가

"어머, 저건 사야 해."라며 현란한 말솜씨에 10개월의 장기 할부로 구매한 노○○ 시리즈 그것이 다였기 때문이었다. 책부터 복병이었다. 무슨 책을 사야 하는지도 갑갑했지만, 그 책들을 사려고 검색하니 금액이 만만치 않았다. 그런 내게 엄마표 영어 선배님들의 말이 떠올랐다.

'도서관에서 빌려요!', '인터넷에 가입비를 내고 도서 대여하는 곳도 있어요!', '중고도 많아요!'

그 모든 말들이 넉넉지 않은 살림을 하는 내게 해주는 말 같았다. 먼저 도서관부터 가보았다. 그땐 어마어마한 책의 양에 놀랐다. 그러나 지금 생각하면 많지 않은 양이었다. 단지 아주 쉬운 단계부터 어려운 책 단계까지 한 벽면을 차지하고 있어 많아 보였던 것이었다. 이곳도 이것저것 빼고 나면 시작하는 아들에겐 그다지 보여줄 책들이 많지 않았다.

인터넷에서 이런저런 책이 아이들에게 반응이 좋아요, 재미있어요 하는 책 리스트들을 들고 대안이 없는 내겐 그래도 도서관이 생명줄이었다.

솔직히 도서관에 간다는 것은 설렘이었다. 내가 다닌 대학교에서 2학년 즈음 학교 도서관이 새롭게 신축됐다. 그냥 보기에도 너무나 멋졌다. 올

성적 장학금을 받지 않으면 안 되는 팍팍한 월급이었기에 미친 듯이 일과 공부를 병행했던 내겐 그 도서관에 가는 것은 꿈도 꾸지 못할 일이었다.

그러던 어느 시험 기간 실장님께서 빨리 보내 준 하루가 있었다. 처음으로 낮에 학교에 갔던 나는 도서관으로 바로 갔었다. 1층 입구에 들어서는 순간부터 그 규모에 놀라워했었다.

또 엄청나게 많은 책이 꽂힌 공간에서 "아, 이 책 속에 파묻혀 책을 보다가 자고 일어나 다시 책을 보다가 자고, 또 일어나 책을 보다가 자고, 그렇게 하다가 죽고 싶다."라는 생각을 했을 정도였다. 그 꿈을 아직 이루진 못했지만 말이다. 그래서인지 도서관은 내게 있어 살짝 설레게 하는 공간이었다. 그런 도서관이 운전면허증처럼 자격증이 필요할지 정말 몰랐다. 도대체 한 시간 넘게 있어도 두세 권을 제대로 찾을 수가 없었기 때문이었다.

내겐 도서관의 모든 표기어가 고대 잉카 문명의 글들처럼 와닿았고 도통 알 수 없는 그들만의 표시로 되어 있었기 때문이었다. 이런 나는 매번 책 리스트에 있는 책을 찾기가 쉽지 않았다.

'이곳이 보물섬이야. 보물을 찾는 건 너의 몫이야.'라고 하면서 삽 한 자루와 물병 하나 딸랑 받아든 기분이랄까? 도서관에 간 경험이 거의 없어 한글책도 찾기 힘든 내게 영어책은 더더욱 힘 빠지게 했다.

매번 오전 시간을 날려버렸고 터덜터덜 두어 시간 동안에 빌린 영어책 두세 권을 들고 집으로 왔다. 그러면서 스스로 살면서 이렇게 기본 상식이 부족한 사람이었던가 하는 생각을 많이 하게 했다. 도서관 사서에게 물었으면 되는데 그땐 왜 묻지 않고 스스로 해결하려 했는지 모르겠지만 생각해 보면 얼핏 두려워했던 것 같다.

나란 사람이 도서관 이용을 하지 못하는 것을 알리고 싶지도 않고, 영어로 적힌 책 제목을 말하면서 "이 책 주세요."라고 말할 자신이 없어서였는지도 모르겠다. 말하자면 창피당할까 하는 두려움이 앞섰던 것 같다.

그나마 한글책은 원 없이 매번 가서 빌렸다. 아들이 좋아할 것 같은 책과 도움 될 것 같은 책들로 빌릴 수 있어 그것만으로도 감사했다. 이렇게 내가 헤매는 시간에 큰아들은 초등학교에 들어가면서 흘려듣기를 매일 1시간씩 꾸준히 하였다. 그러는 동안 엄마는 책 구경 삼매경과 어떤 책이 좋은지 공부하면서 소중한 시간을 하루하루 붙잡아 가며 귀하게 보냈다.

그리고 초등 1학년 10월 3일 대망의 첫 집중듣기를 했다. 6세 때 구매한 책 중 음원도 좋고 보기 쉬운 책으로 선택해서 말이다.

중고 책도 내 아이에겐 스토리가 있는 책이다

우연히 알게 된 중고책 도서 사이트. 개○○네. 이름조차 그날은 어찌나 구수한지. 아이가 잠든 밤에 사이트를 열어 내가 원하는 책이 있는지, 그리고 원서로 된 것이 얼마나 많은지 검색해 나갔다. 검색하는 동안 책을 마냥 빌려서 보여주기보다 아이가 자주 볼만한 책은 구매해야겠다는 생각도 들었다.

'그래, 학원에 보냈다고 생각하자'. 어떤 아이들은 영어 유치원에 가기도 하고, 또 어떤 아이들은 유학도 가고, 가족이 모두 해외에서 살다 오기도 하니 말이다. 그렇게 생각하고 책을 구매하자고 생각하니 마음이 조금 편해졌다.

그리고 그다음은 중고나라였다. 얼굴 한번 본 적이 없는 사람들과 물건을 사 본 적이 없는 내겐 새로운 도전이라 조금 내키지 않았지만 말이다.

검색하다 보니 영어책뿐만 아니라 한글책도 엄청나게 올라와 있었다. 시중가의 70%도 안 되는, 아니 80%도 안 되는 책값의 전집도 많았다.

첫 구매는 자연 관찰 한글책 전집이었다. 일단 가격 부담이 없었다. 그리고 믿을만한가 테스트도 해 보고 싶었고, 아들에겐 자연 관찰류의 책이 부족했던 이유이기도 했다. 기다리던 어느 날 커다란 택배 상자가 왔다. 새것이 아닌 걸 알지만, 그 상자를 뜯는 재미는 홈쇼핑에서 바로 온 맛 난 신선 식품을 여는 마음같이 두근두근하면서 열어보았다.

"어! 이게 뭐야 웬 떡이야!"

그다지 잘 먹지 않는 라면 종류의 커다란 상자 속에서 새 책을 구매했다면 있었을 전집 세트 그대로였고 외관이 아주 신선했다. 그리고 그 상자를 여는 순간 입꼬리가 올라갔다. 새 책이었다. 단 한 번도 보지 않은 새 책 말이다.

그날 저녁 하나의 가격에 두 판을 주는 피자를 신랑이 오기 전에 시켰다. 아마도 피자를 보는 순간 빵돌이 신랑은 내게 하트뿜뿜을 보내리라. 그 하트뿜뿜의 신랑에게 난 자랑을 하고 싶었다. 내가 이렇게 현명한 사람이라고, 책 보는 안목도 있다고, 그리고 우리의 생활비를 이만큼 아꼈으니 피자 정도는 먹고도 치킨 한 번은 더 먹을 수 있다고 말이다.

그날은 저녁 준비를 하는 수고로움을 뒤로하고 아들이 좋아하는 고구마맛 피자와 남편이 좋아하는 콤비네이션 피자를 양껏 먹었다. 그렇게 먹고도 마치 돈을 번 듯 기분이 좋았다. 첫 구매의 기억이 좋아서인지 조금씩 중고를 사는 것에 불신도 버리게 되었고, 역시 세상에는 좋은 사람들이 더 많다는 나의 신념에 다시 확신을 주었다. 아이의 책 보는 수준이 올라가면서 사이트 이용을 많이 하게 되었다.

때로는 새 책을 구매할 수 있는 웬○ 북 이용 또한 가끔 했다. 매년 12월이 되어 남편 월급에서 연말 보너스가 나오면 그곳에서 30만 원은 뚝딱 떼어내어 아이가 필요로 하는 책을 구매했다. 마치 12월 김장철에 맛난 비법의 김장 김치를 만들기 위해 돈을 떼이어두듯 그렇게 나는 그 보너스로 아이에게 새 책을 사주었다. 그 책들은 한 권씩 한 권씩 엄마표 영어라는 우리 집만의 비법 양념장으로 버무려져 아이의 머릿속 장독으로 들어갈 것이다. 그리고 숙성되어 가는 것을 바라보며 엄마인 나는 행복해했다. 또 아이에게도 가끔은 다른 이의 손때가 묻은 것이 아닌 갓 인쇄된 종이 냄새와 모서리가 뾰족하고 빳빳한 재질을 느끼게 해주고 싶었다.

그렇게 엄마는 책을 알아보고 아들은 꾸준히 엄마와 발맞춰서 한 발짝씩 나아갔다. 어떤 것은 노래가 너무 좋아서 종일 집에 틀어두고 마치 팝송처럼 아이와 흥얼거렸고, 어떤 건 내 취향도, 아이 취향도 아니었지만 놓치지 않고 함께 들었다. 때론 노래만 좋은 것을 따로 골라 카세트테이프에 녹음해 자기 전에 들려주기도 하고, 차를 타고 어디론가 갈 때는 그 음원을 들려주었다.

엄마표 영어를 하면서 처음 시작하시는 분들이 책값을 어떻게 다 충당할지 한숨을 쉬는 경우를 종종 보았다. 지금은 감사하게도 온라인이 더 다양한 방법으로 활성화되었다. 중고○○도 있고, 각 지역에 얼굴을 바로 보고 직거래를 가능하게 하는 당근○○도 있다. 그리고 개똥○○처럼 중고 전용 서점도 있고, 알○○, 인터○○ 등 유명 온라인 서점은 이제 중고 책

거래도 활성화돼 있다. 이러한 곳에서 아이에게 맞는 책을 골라서 구매해 주는 것도 문제없을 듯하다. 특히 전집처럼 SET로 된 책을 구매하고 싶다면 알○○ 같은 대형 온라인 서점에서 그중 한 권만 사서 아이가 좋아하는지 사전에 체크해 보는 것도 좋을 듯하다. 또 각 지역 도서관에 있는 영어책 전용 코너에 가서 보여주고 구매하는 것이 실패할 가능성을 줄일 수 있을 듯하다.

첫째 때는 둘째가 있어 책을 구매하는 것을 그다지 망설이지 않았고, 물려줄 동생이 없는 둘째를 키우면서도 오히려 책을 더 많이 구매하는 중이다. 왜냐하면 아이가 좋아하는 책은 한글책도 계속하여 보는 경향이 있듯 영어책도 그러했기 때문이었다.

그리고 다양한 책에 더 자주 노출이 많이 된 아이일수록 튼튼한 영어 근육이 만들어질 것이라 생각해서이다.

사공이 많으면 배가 빨리 가나요?

“영어 공부를 어떻게 하고 있어요?”

엄마들은 아이가 커가면서 걱정하기 시작한다. 나도 엄마이기에 예외는 아니었다. 엄마들은 아이가 학교에 갈 때쯤 되면 처음엔 한글 그다음은 영어, 영어, 영어 머릿속에 반은 영어 생각이 차지하는 듯하다. “어디 보내요”, “어느 학원이 나아요? 원장님이 직접 가르쳐 주시나요?”, “영어는 몇 살 때부터 학원에 보내야 하나요?”, “영어 유치원 어떤가요?”, “한 달에 얼마 들어요?” 질문도 다양하다.

가끔 드라마를 보면 주인공은 집 도우미가 반은 해 둔 듯한 식탁에 우아한 손놀림으로 마치 자신이 요리한 것처럼 식탁을 차린다. 그리고 잘나가는 사업가인 남편을 출근시켜 놓고는 아파트 단지 내 핫한 곳에서 모인다. 아니면 인테리어가 수준급인 좀 더 영향력 있는 어느 집에 모여 브런

치를 즐기면서 아이 교육에 대한 정보들을 서로 수집하는 모습이 자주 등장한다. 그 정보 속엔 단연 영어가 차지하는 비중이 크다. 그렇다면 드라마 속 주인공들만 그러할까? 내 주위 옆집, 앞집, 뒷집 엄마들도 그렇지 않을까 싶다. 그리고 그 불안을 잘 이용하는 마케팅에 귀가 눈이 쏠리게 마련이다. 이게 마케팅이란 걸 알아도 우린 어쩔 수 없는 엄마들이다. 나처럼 영어를 정말 모르는 엄마여도, 적당히 영어를 아는 엄마였어도 말이다.

때론 수준급으로 영어를 잘해도 워킹맘은 시간이 없어서, 체력이 안 되어 마음만 동동거리는 엄마라도 다 그렇게 욕심을 내어 본다. 이것이 욕심일까? 나보다는 그래도 아이가 조금 더 나은 미래를 살아가길 바라는 그냥 평범한 엄마의 마음 이것이 과한 것일까?

나는 영어를 배우는 방법은 수천수만 가지라고 생각한다. 어떤 방법이든 한 사람이라도 성공했다면 그 방법은 틀림없이 성공 노하우라고 존중받아야 한다고 생각한다. 단지 내가 수만 수천 가지 방법 중 엄마표를 선택했고, 그리고 여러 다양한 엄마표 방법 중 내 아이에게 맞는 엄마표를 선택했을 뿐이라고 말한다. 물론 큰아이 때는 잘 알지 못하여 한 가지 방법을 고집했다면 지금은 생각이 달라졌다.

엄마표 영어 또한 다양한 방법들의 엄마표가 있다는 것을 알게 되었기 때문이다. 엄마표 영어를 선택했다면 많은 사공을 만나봐야 한다고 생각하게 된 계기일 수도 있다. 사공마다 노를 젓는 속도도 다르고, 노를 젓는 방법도 저마다 조금씩 다른 노하우가 있기 때문이었다.

어떤 사공은 엄마표란 배를 3년 안에 목적지에 도착시키는 법도 있고,

또 어떤 사공은 배를 몰고 가면서 쓰고 외우면서 가는 방법도 있다. 또 어떤 사공은 거의 모든 그림책을 아이가 좋아할 것 같은 캐릭터를 직접 만들어 놀아가면서 배를 저어가는 사공도 있다.

이외에도 비슷한 듯 다른 여러 많은 엄마표의 배들이 같은 목적지를 향해 항해를 시작한다. 이 모든 것이 다 성공 노하우이다. 누구는 좋고 누구는 좋지 않다가 아닌 진짜 성공 노하우 그 자체이기에 믿을 만하다고 생각한다.

단지 처음 엄마표를 선택할 때 신중에 신중을 기해 내 아이에게 맞는 것을 선택하면 되는 것이다. 내가 좋아하는 말 중 하나가 '어떤 공부든 인생이든 방향과 방법과 효율성을 잘 따져보아야 한다.'라는 것이다.

방향성에 있어 나는 학원표, 개인과외표, 학교표, 엄마표 중 엄마표란 영어를 하기로 큰 방향성을 잡았다고 생각한다. 그나마 지금 취할 수 있는 것 중 가장 효과적이고 우리 아이에게 맞는다고 생각하는 확신을 했기에 그 방향성은 흔들리지 않았다.

다음은 방법이다. 방법들은 조금씩 다르지만 다양하게 있다. 두드려서 물어보고 공부해 보자. 책에서도, 블로그에서도, 그 성공 노하우를 가지신 분들은 그 방법들을 잘 알고 계시고 거기다가 천사같이 친절하시기도 하다. 정말 궁금하고 힘들어 물으면 아마 내 일처럼 친절히 답해주시리라 나는 믿는다.

마지막으로 효율성이다. 이제 내 아이를 찬찬히 보자. 그리고 엄마인 나를 또 분석해 보자. 우리가 팀원이 되어 몇 년을 함께 뛰어야 하는 데 방해요소는 무엇인지 알아내어야 하지 않을까?

특히 엄마표는 아이가 어느 정도 습관이 되어 스스로 할 수 있을 때까지 엄마의 의지와 엄마의 목표 의식이 정말 중요하다고 생각한다. 그러려면 엄마의 체력이 언제나 최상은 아니더라도 최하가 되지 않도록 스스로 챙겨야 한다.

또 엄마의 하루 중 불필요한 시간을 보내는 것은 언제인지, 어디에 에너지를 소모해서 정작 내 아이가 "엄마."하고 찾을 때 "아휴, 피곤해." 하는 소리가 나오지 않게 나의 하루 스케줄에 가지치기도 했으면 한다.

나의 문제점은 저질 체력이었다. 그래서 언젠가부터 나는 치킨을, 내가 좋아하는 과일을, 또 생선을 구우면 나를 위해서 내 접시에 살포시 한 점이라도 올려두려 노력한다. 닭 다리가 두 개라 어쩔 수 없이 그 닭 다리를 두 아들에게 양보할 땐 "엄마도 닭 다리 좋아한다. 나중에 너희들이 돈 벌고 엄마가 힘없어지면 그땐 너희들이 양보해라", "엄마도 생선 대가리가 아닌 몸통을 좋아한다." 이러면서 "엄마도." 라고 하면 아이들은 이제 "알아요. 엄마도 좋아하는 것을요."라고 한다. 그렇게 내게도 아이에게도 각인시키면서 나의 체력을 우선시하려고 노력을 많이 하는 편이 되었다. 자주 푹푹 쓰러지도록 비실거리는 내가 아이들과 엄마표란 항해를 하려면 먼저 나의 하루 에너지와 시간 관리를 효율적으로 사용해야 했기 때문이었다.

그렇게 방향과 방법과 효율성을 갖추었다면 이제는 나와 상관없는 사공들은 떠나보내 주면 어떨까 싶다. 오직 내가 선택한 그 사공의 배에 올라타서 앞만 보고 갔으면 한다.

흔들림 없이 그 사공이 젓는 배에 온몸을 맡겨보자.

가다 보면 배가 갸우뚱할 때도 있을 것이고, 어느 날은 순풍을 만나 어디선가 함께 날아오는 꽃바람 내음에 기분 좋은 날도 있을 것이다.

또 가다 보면 항로를 약간 벗어나 잠시 돌아가게 된다고 해도 내가 믿은 그 사공의 노를 믿고 목적지까지 믿고 가보면 어떨까 싶다.

가는 길에 배가 잠시 멈춘다고, 갸우뚱한다고 또 다른 사공의 노하우를 받아 이런저런 방법을 아이에게 제시하다 보면 아이도 엄마도 힘들지 않을까 해서이다.

제2장
엄마표 영어 철학을 세우다

한글 vs 영어 고민이다! 고민

"이거." 하고 아들이 나이에 맞지 않게 작고 얇은 손가락으로 그림을 가리켰다. 언제나 "이거."라고 물으면 다 되는 13개월인 아들은 엄마, 아빠 외에 사용하는 유일한 말이 "이거."였다.

깍두기를 양 볼이 터지도록 욱여넣어 더는 말을 못하는 아이처럼 뒷말은 씹어먹어 오늘도 말이 없다. 끓어오르는 답답함을 쓴 한약 삼키듯 삼키고

"이거? 이거는 장독이야. 장독이 무엇이냐 하면……."

"이거."

"이거는 부뚜막이야. 부뚜막이 무엇이냐 하면……." 하고 그림책에 등장하는 그림들을 상세히 설명해 주었다.

아들 녀석이 나란 사람을 엄마로 인식하기 전부터 아이 손보다 조금 작은 책으로 가지고 놀게 해 주었었다. 시간이 지나서 아이가 앉아 있을 수

있을 때쯤엔 책 속에 파묻혀 아들 녀석의 머리보다 높게 높게 쌓을 정도로 책을 많이 읽어 줬다. 이렇게 책을 많이 읽어주고 말을 많이 하는 이유는 내가 모성 본능이 뛰어나서도, 뭔가 대단해서도 아니었다.

나는 오랜 시간 동안 아무에게도 말하지 않은 나만의 아이에 대한 기대치가 있었다. 그래서 아이를 가지는 순간부터 뱃속 저 밑에서부터 올라오는 설렘과 콩닥거림의 이유 중 하나는 이러했다. 대학교 다닐 때 교육학개론 수업 시간에 충격적인 영상을 시청하고 난 뒤부터였다. 수업 영상은 이러했다.

엄마 배 속에 있는 태아를 엄마의 기분에 따른 반응도 체크였다. 영상 속에 아이는 유난히 얼굴이 예뻤다. 그리고 약간 사각형의 얼굴형이었는데 배 속의 아기가 아닌 듯 얼굴에 주름 하나 없이 팽팽했다. 실험은 이러했다.

첫 번째는 엄마가 아주 슬픈 영화를 보면서 눈물을 흘리는 것이었다.

두 번째 영상은 혹시라도 배꼽과 함께 아이가 떨어질세라 두 손으로 배를 움켜쥐고 떠나가라 웃을 수 있는 코믹 영상을 보는 엄마의 모습이었다.

세 번째는 화를 내는 모습을 보여주는 영상이었다. 엄마와 함께 배 속 아이의 반응을 보는 순간 뒤통수를 한 대 탁 맞는 기분이었다. 엄마가 울면 아기도 우는 표정을 하고 몸을 움츠렸고, 엄마가 신나 하면 눈을 꼭 감은 아이의 입꼬리가 씩 올라갔다. 또 엄마가 화를 내면 아이가 발버둥을 치면서 얼굴을 찡그렸던 그 아이의 얼굴이 잊히지 않았다. 그리고 또 하나는 20대 때 어느 신문에서 본 미국의 트레일러 기사 부부의 사연이었다.

이 부부는 글자를 잘 몰랐다고 했다. 그런데 태어난 세 명의 아이 모두 아이큐가 130을 넘어 그 이유를 찾아봐도 특별한 것이 없었다고 했다. 다른 점이라고는 우리나라와 다르게 미국은 트레일러를 몰고 배송을 하는 거리가 어떤 곳은 한 달을 달려가는 곳도 있었다고 한다. 그 지루한 길을 갈 때 그 옆 좌석에 앉은 아내가 할 수 있는 것은 남편의 졸음을 쫓아주려 재잘재잘 이야기를 하는 것이었다고 한다. 아이가 배 속에 있을 때는 아이와 함께 들을 수 있게 잠시 멈추어 선 길에 신호등이 보이면 "아가야, 저건 신호등이야. 신호등이 무엇이냐 하면…." 하고 생긴 모양과 교통 표지판에 관한 것들을 줄줄줄 이야기했다고 한다. 그런데 아이가 태어나 어느 날 신호등을 보고는 "엄마, 신호등." 이렇게 사물을 알아봤다는 것이다. 이 두 가지는 내게 엄청난 충격을 주었고, 내가 만약 아이를 낳는다면 저렇게 해서 영재를 낳고 싶었다.

결혼 생각이 전혀 없었던 내게 만약 결혼하지 않는다고 해도 혼자서라도 아이를 살짝 낳고 싶단 생각도 가끔 했으니 말이다. 그냥 아이가 아닌 저렇게 태교해서 아이큐가 130, 140인 영재를 말이다. 그리고는 나의 어깨에 뽕을 한껏 올려보고 싶은 열망도 가득했다. 그래서 아이를 가진 순간부터 나는 어떤 망설임도 없이 실천해 나갔다. 마치 새끼 새가 어미 새에게 먹이 하나 나부터 달라고 쫑알거리듯 내 입술은 움직였다. 배가 불러 임신부로 보이지 않았다면 아마도 다른 사람들은 내 머리에 꽃 하나는 꽂고 다니는 동막골 영화 속 어느 소녀로 봤을 것이다.

그렇게 아이는 태어나고 아직 아이큐가 130인 영재 소년인지 알 수 없는 시기이기에 미친 듯이 책을 보여 주었다. 나중에 많은 육아서에서 알게 된 사실이었지만 우리가 일상에서 사용하는 단어는 그다지 많지 않다고 한다. 그래서 다양한 책을 많이 보여주면 일상용어뿐 아니라 평소 사용하지 않는 은유적인 표현, 지식적인 표현 등 몇십몇백 배의 어휘에 노출이 많이 될 수밖에 없다고도 했다. 그래서 책을 많이 읽은 아이와 책을 많이 읽지 않은 아이의 어휘력 또한 엄청나게 차이가 난다고 말이다. 이왕이면 내 아이는 아이큐가 좋아야 하고, 이왕이면 내 아이는 다른 아이 보다 돋보여야 한다는 욕심을 아무도 모르게 실천해 나갔다.

그렇게 천사 같은 엄마, 육아에 대해 뭔가 좀 아는 엄마로 둔갑하여 영재 소년을 만들 욕심을 살짝씩 채워나갔다. 이유는 이렇게 시작했지만, 그 이유가 아니라도 우리 아들은 한국 아이다. 한국 아이기에 영어책이 아닌 한국어로 된 책이 무엇보다 중요하지 않을까 싶은 생각은 그때도 지금도 변함이 없다.

그리고 불행인지 다행인지 아이는 아이큐가 130이 넘는 천재 소년이 아닌 그저 평범한 아이로 태어났다. 지금은 책을 보여주는 우리 부부만의 목표도 생겼다. 그것은 바로 마음이 큰아이로 자라는 것이다. 시간이 지나 우리 부부가 없을 미래의 어느 시점에 아이 앞에 큰 파도가 가끔 밀려올 것이라고 본다. 그 파도에 두려워하기보다 현명하게 파도의 끝에 올라서서 윈드서핑 하듯 즐기며 헤쳐 나가길 바라기 때문이다.

엄마표 영어로 돌아와 생각하면 어휘력이 풍부한 아이와 그렇지 못한 아이는 영어를 완성해 나가는 단계에서 시간 차이가 날 수밖에 없다.

한국말에 익숙하고 많은 어휘에 노출이 된 아이는 영어책을 보거나 흘려듣기를 하면서 영상을 볼 때 더 빨리 그 단어가, 그 상황이 주는 의미를 인식해 나간다.

마치 우리가 신문 속 어느 칼럼을 읽을 때 조금 어려운 한자어가 등장해도 앞뒤 문맥에서 그 느낌을 찾아내어 그 칼럼이 무슨 말을 하는지 알 수 있는 것처럼 말이다.

그래서 나는 엄마표 영어를 하는 내내 영어책보다 더 중요하게 생각하는 것이 한글책이었다. 영어책을 보면서 어휘력을 키워나가는 것보다 우리말로 된 책을 보며 어휘력을 확장해 나가는 속도가 더 빠르다고 보기 때문이다. 또 한글책 수준을 뛰어넘는 영어책 수준을 아이가 갖추기는 힘들다고 본다. 가장 중요한 것은 영어만 잘하는 아이로 키우기 위해 엄마표 영어를 하는 것이 아니라고 생각했기 때문이다.

어떤 아이를 원하는가? 영어를 전혀 못 해도 생각이 바르고 자기 자신에 대해, 주위에 관심을 가지는 아이가 있다. 또 다른 아이는 영어는 나이아가라 폭포수처럼 막힘없이 유창하지만 자기가 무엇을 하고 싶은지, 무엇을 좋아하는지 모르는 아이가 있다면 말이다.

이러한 아이 둘 중 어떤 아이를 우리는 바랄까?

우린 답을 알고 있지 않을까 싶다. 생각이 큰아이, 마음이 큰아이가 영어 잘하는 아이보다 더 멋진 아이라고 말이다. 그래서 엄마표 영어를 하지만 한글책을 더 많이 보여주려 노력하는 이유가 분명했다.

놀면서 크는 아이들

"자기야! 둥이 수술해서 나오면 우리 여기저기 많이 다녀요. 돈 없다고, 애가 작다고, 애가 약해서 아프다고 집에만 있었는데 만약 오늘 수술이 잘못되면 울 아들 기억은 집 안에서 논 것만 들고 하늘로 올라가는 건가 하는 생각이 들어요."

25개월 11일 아들은 오전 7시 30분부터 첫 수술을 하는 중이었다. 점심시간쯤 아이 아빠가 교육을 마치고 부랴부랴 양산 부산대학교 병원으로 달려왔다. 수술이 3시간이 넘으면 위험할 수도 있다는 말을 듣고 들어갔는데 벌써 그 시간을 훌쩍 넘겼기에 당황한 기색이 역력한 아이 아빠 얼굴이었다.

울 힘도 없을 정도로 눈은 부었고 목은 잠겨 말도 나오지 않는 나는 두려움과 무기력함이 내 몸을 감싸고 있었다. 온몸의 힘이 마치 바람 빠진 풍선처럼 되어버려 내가 난간인지 난간이 나인지도 모르게 한 몸이 되게 기대고 있었다. 그러고는 1층을 오가는 사람들을 바라보며 아이 아빠가 하는 말을 들었다. 그렇게 7시간 30분간의 길고 긴 첫 번째 수술을 하고 난 뒤 더는 이 아이를 통해 나의 대리만족을 느끼려 했던 모든 행동이 봄눈 녹듯 녹아 없어짐을 느꼈다. 그저 하루하루 감사할 뿐이었다. 그런 우리에겐 우리만의 방법으로 아이에게 장난감이 되어줄 물건들을 찾았다.

그리고 우리만의 방법으로 책을 읽어주고, 우리만의 방법으로 봄이면 쑥과 달래를 캐러, 젖소를 보여주러 젖소 농장으로 여행을 떠났다. 여행의 묘미는 역시 먹는 것이었다. 주로 함안을 가는 길에 있는 휴게소에 가서 라면 하나에 첫째가 좋아하는 세상에서 제일 맛난 7천 원짜리 돈가스 하나면 셋이서 충분히 먹고도 배를 통통 튀기며 나오는 여행지 음식이었다.

아이가 아프지 않았다면 나는 아이에게 교육에 대한 욕심만을 부렸을 것이다. 저축보다는 카드를 긋는 쏠쏠한 재미로 장난감이며 교구를 샀을 것이며, 아이의 눈빛을 읽기보다 머릿속 지식을 읽었을 것이다. 아이는 놀면서 큰다는 무수히 많은 육아 선배들이 말하는 말도 귓등으로 들으며 놀이를 가장한 학습을 했을 것이다. 또 육아 전문가가 강연하며 말하는 말을 들어도 별 감흥이 없었을 것이다.

지금 나는 확신한다. 아이는 놀면서 사랑받고, 놀면서 받은 그 느낌으로 성장한다는 것을. 우리 집 냉장고에 이런 문구를 적어 두고 매일 보고 있다.

〈오늘 내가 한 밥과 청소는 오늘만 행복하고, 오늘 내가 아이와 놀아주면 평생이 행복하다〉

쓸고 닦고 또 쓸고 닦는 내가 내게 정해준 규칙 같은 말이었다. 자취하면서 학교에 다닐 때 한 칸짜리 자취방 청소를 두 시간씩 하던 나였다. 신혼 때 남편의 큰누나가 집에 올 때면 파리도 미끄러질 정도로 반짝반짝한 거실 바닥을 보며 놀라서 이렇게 청소하면 집에 돈이 안 붙는다며 핀잔받았던 나에게 말이다. 그런 내게 어느 날 아이 아빠가 처음으로 화를 내었다. 어떤 집처럼 집이 지저분해서 화를 내는 것이 아닌 집이 깨끗해서였다

"오늘 또 청소한다고 둥이(첫째 아들의 태명)는 방치된 건가요?"

얼마나 억울하던지. 온통 육아서에는 아이가 잘 때 엄마도 쉬라고 말하는데 난 그 시간 쉬지도 않고 청소를 했기 때문이다. 그렇게 억울해했지만, 어느 날 문득 청소할 거리만 보면 아이보다 청소를 먼저 하는 내 모습을 다시 보게 되었다.

나는 육아에 관한 책을 읽으며 조금씩 생각이 바뀌기 시작했다. 병원에서 집으로 아이를 데리고 왔던 그 마음은 평생 갈 줄 알았는데 벌써 잊고 있으매 나의 마음을 다시 붙잡았다. 그 마음을 잊지 않기 위해 어느 날 나의 명언이라며 냉장고에 붙여 두었고, 그 글귀 그대로 10년이 훨씬 지난 지금도 우리 집 냉장고에 붙어서 둘째를 돌보는 것에 적용하고 있다.

이렇게 말하면서 집이 때론 지저분하게 널려도 다른 이의 눈으로 부터 뻔뻔해지기 시작했다고나 할까? 아니면 지금 당장 무엇이 더 소중한지를 나는 알게 되었다고나 할까? 아니면 엄마로서 철이 들어간다고나 할까?

하루에 아이와 노는 시간을 1시간, 2시간, 심지어 5시간 이렇게 길게 잡는다고 아이와 엄마의 마음이 풀처럼 딱 붙어있는 것은 아니라고 본다. 10분이라도 30분이라도 내 환경에 맞추어서 아이의 눈빛을 오롯이 느끼며 대화하면 된다고 본다.

책을 볼 때도 꼭 첫 장부터 끝장까지 다 볼 필요 없이 어느 한 구절, 어느 한 문장이 좋으면 그곳에서 이야기꽃을 피워도 된다고 본다. 아이의 마음이 어떠한지, 엄마의 마음이 어떠한지 솔직하게 말이다. 긴 시간이 중요한 것이 아니라 얼마나 아이에게 집중했는지가 더 고급스러운 시간을 아이에게 선물할 것이기 때문이다.

그 시간 동안은 휴대폰도 무음으로 해 놓고, TV도 끄고, 부엌에 설거지도, 에베레스트산만큼 쌓여 있는 빨랫거리도 신경 쓰지 말고 말이다. 오롯이 내 아이의 눈과 자그마하게 오물거리는 그 입술에 집중해 보자고 권하고 싶다. 그것이면 아이는 충분히 엄마랑 하루 동안의 모든 불안감을 떨쳐버릴 수 있을 정도로 행복해하리라 믿는다. 그렇게 들어주고 조금의 여유가 있으면 놀아주자. 몸으로도 놀아주고, 말로서도 놀아주고, 꼭 놀이동산으로 데리고 나가는 것만이 놀아주는 것은 아닌 듯하다. 소소한 일상에서 과자 한 봉지를 뜯어 손에 끼우고서 세상에서 가장 무섭지 않은 마귀할멈이 되어 아들을 잡아먹는 놀이를 해도 재미있지 않을까 싶다.

아이도 엄마도 놀면서 큰다고 믿는다. 충분히 놀고 나면 엄마표 영어도 재미있게 하리라 본다. 특히 엄마표 영어를 함께 한다는 것은 아이 혼자가 아닌 엄마와 함께 긴 호흡으로 해야 하므로 엄마와 아이가 얼마나 잘 노는지, 짝짜꿍이 되는지도 중요한 것 같다.

처음부터 '우리 제법 잘 맞아요.' 하는 커플이 얼마나 많을까 싶다. 아이와 부모 또한 그러하지 않을까? 그러니 우리의 현재의 시간을 조금 떼어내어 아이의 미래의 시간을 남기는 작업을 한다고 생각하면 어떨까?

엄마니깐 우린 엄마니깐 말이다.

놀면서 공부하는 1시간의 법칙

엄마표 영어를 하면서 나는 생각지 못한 영화 맴버가 생겼다. 큰아들이 초등학교 4학년 겨울방학 때였다. 둘째를 어린이집에 보내놓고 큰아이는 큰아이의 계획에 맞게 하루를 보낼 즈음 모니터 두 개를 바라보며 주식 매매하고 있던 나는 10시쯤부터 알았다.

'아! 오늘은 날씨만큼이나 주식 장이 안 좋은 날이구나. 매매해야 하나 접어야 하나.' 계속된 갈등 속에서도 뒤통수 뒤에서 벌어지고 있는 아들의 움직임을 느낄 수 있었다. 아들은 작고 하얀 손으로 일기 숙제하려고 펼치고 있었다.

겨울이라 새로운 것 없는 일상에 뭐 그리 적을 게 있을까 고민에 고민을 더하는지 자기만 느낄 작은 한숨이 모니터를 보며 내뿜는 엄마의 한숨보다 더 크게 느껴졌다.

"아들! 우리 영화 보면서 흘려듣기 할까?"

"네! 그런데 무슨 영화 볼 건데요?"

아들의 눈은 이게 웬 떡이냐 하는 눈으로 바라보았다. 언제 엄마가 취소할지 모를 일이라 생각한 건지 잔뜩 기대한 초롱초롱 눈빛에서 사랑의 레이저를 쏘는 아들이었다. "그렇게 좋아? 음……." 즉흥적인 제안에 아들보다 더 당황한 엄마였다.

검은색 작은 리모컨을 손에 쥐고는 어떤 맛 난 영화를 먹어 볼까 설레는 맘으로 메뉴 버튼을 누르지만, 머릿속은 흘려듣기용으로 골라야 하나 진짜 영화를 봐야 할까 고민했다.

여러 편의 영화가 삭삭 눈앞을 지나갔다. 그때 아들만큼이나 똘망똘망한 꼬마가 두 손을 양 볼에 대고 소리 지르는 영화 포스터가 떡 하니 내 눈에 걸려들었다. 아들의 나이보다 어리지만, 아들 덩치보다 큰 귀여운 맥컬리 컬킨이 나오는 영화였다. 보는 내내 아들은 그 영화에 푹 빠졌다.

"너무 재미있어요"

"저기서 말하는 게 들려? 몇 퍼센트나 들리는 것 같아?"

"대충 60~70% 정도요."라고 말하는 것이 아닌가. 그전까지 아들은 여러 시리즈로 흘려듣기를 하고 있었다. 일반 영화를 자막 없이 본 적이 없었기에 내심 나는 많이 놀라워했다.

이 영화를 시작으로 아들의 영어 실력이 얼마나 발전했는지를 알 수 있는 계기도 되었던 것 같다. 나는 다시 한번 흘려듣기의 힘에 놀라워했다.

내가 생각하는 흘려듣기란 자막 없이 매일 1시간씩 아이의 수준에 맞는 영상을 보는 것이다. 처음에는 영상에서 하는 말이 잘 들리지 않는 것이 당연하다. 아이의 귀에는 집중듣기를 통해서 알게 된 단어가 가끔 들리거나, 아주 짧은 단어를 말할 때 외에는 거의 뭉텅이로 들린다. 그러니 뭐라고 하는 말인지 처음에는 모르는 것이 당연하다.

처음엔 아이가 좋아하는 여러 영상 중에서 느린 음의 속도를 가진 영상을 찾아서 들려주었다. 그러고는 같은 프로그램을 아이가 싫증이 날 때까지 반복해서 보여주었다. 처음 흘려듣기를 설명하는 날 아들에게 말했다.

"엄마표 영어 중에서 엄마가 생각하기에 가장 중요한 것은 이 흘려듣기라고 생각해. 우리가 미국에서 태어나지 않았잖아? 그래서 미국 사람들이 하는 말을 들을 수가 없잖아. 대신 네가 좋아하는 만화영화를 자막 없이 매일 1시간씩 보면 미국 아이들처럼 영어가 들린대."라고 아이에게 나름 아이의 눈높이에 맞는다고 생각 되게 설명했다. 그러고는 흘려듣기 원칙을 세웠다.

어쨌든 1시간은 미디어 노출이었다. 그래서 평일은 흘려듣기가 TV 보는 시간이라고, 주말은 엄마표 영어를 끝내고 나면 보고 싶은 만화를 맘껏 보아도 된다고 했다. 흘려듣기를 할 때는 편안하게 누워서 보든, 놀면서 보든 상관하지 않겠다고도 했다. 그래도 웬만하면 주인공들이 하는 말을 들어보려 노력해 보라고 말해주기도 했다.

영화나 TV 속 영상을 보는 것만이 흘려듣기는 아니었다. 집중듣기를 한 테이프나 CD 음을 동생이랑 놀 때와 욕조에 물을 받아 1시간씩 물놀이할 때 들려주기도 하였다. 때론 먼 거리로 이동할 때면 차 안에서 들으며 가기도 하고 아이가 잠이 들기 직전 아주 낮은 음으로 들을 수 있게 켜두고 나오기도 했다.

미국에서 태어나지 않았기에 영어 노출을 하루 3시간을 기준으로 잡는 엄마표 영어도 있었지만, 그건 우리 집 환경에 맞지 않는다고 생각했다. 물론 3시간에 비해 1시간은 터무니없는 시간이라 할 정도로 짧을 수도 있지만 하다가 힘들어서 포기하는 것보다 꾸준함으로 승부를 걸어보고 싶었다.

짧은 시간에 영어 완성도를 높이는 엄마표 영어가 아니라 나는 그저 아이가 평생 함께할 제2의 모국어 같은 외국어 하나쯤 선물해 주고 싶었기에 욕심을 내려놓을 수 있었다. 그렇게 하루 1시간이 일주일이면 7시간, 1년이면 365시간, 3년이면 1,095시간 점점 늘어 나는 영어 노출 시간만큼 아이의 귀가 열리게 되길 바랄 뿐이었다.

그러려면 꾸준함의 습관이 중요했고, 그 꾸준함이 이날 영화를 재미나게 보는 기적을 만든 것이었다. 적어도 내겐 기적이었다. 그날만큼은 엄마의 눈에는 내 아이가 주인공이었다. 영화 속 주인공의 대사를 읊고 있는 진짜 주인공으로 보였다. '아! 이거 정말 되는 거구나.'라고 엄마는 그날 확신에 확신을 더하는 날도 되었다.

그 일을 계기로 동생이 어린이집에 가고 없는 여름 방학과 겨울방학은 엄마랑 매일 같이 영화를 보며 데이트를 했다. 그렇게 여러 인기 영화들을 섭렵해나갔다. 한 주는 자막 있게 보았고, 또 다른 한 주는 자막 없이 보았다.

영화마다 영화 속 주인공의 말이 빠르거나 연음이 많으면 듣기 힘든 아들을 위해 전체 내용을 알 수 있게 배려했다. 아이가 처음 엄마표를 접할 때 영어가 만만하다고 느낄 수 있게 했던 것처럼 영화 또한 만만하게 생각하여 자신감을 넣어 주고 싶어서였다.

특별한 것 없는 비법 같지만 나는 개인적으로 엄마표 영어가 완성되는 그날까지 아니 그 뒤로도 쭉 흘려듣기를 중요하게 생각했다. 물론 한글책을 제외한 부분 중 말이다.

엄마표 영어 중 어떤 분은 집중듣기를, 어떤 분은 아이가 영어책을 읽으며 말하고 활동하는 부분 등 각자가 중요하게 생각하는 부분이 조금씩 다를 거라 본다.

그런데 나는 한글책과 함께 흘려듣기를 가장 중요하게 생각하는 엄마였고, 아이가 영어를 완성하는 동안 공식적으로 가장 많은 시간을 할애한 부분이기도 했다.

앞서도 아이에게 말했지만 우린 미국에서 사는 것이 아니었다. 그러하기에 매일 1시간의 영어환경 노출은 아이의 귀가 열리는 시간이기 때문에 바빠서 다른 것을 하지 못하는 날도 이것만은 할 수 있게 했다. 이 흘려듣기야말로 꾸준함으로 이기는 방법이라고 생각했기 때문이다. 영어로 읽고 말하고 쓰는 것이 자유로워진 지금도 큰아들에게 다른 건 하지 않아도 흘려듣기는 하라고 말할 정도이니 말이다.

꼼꼼한 상태 만들어 보기

엄마표 영어를 하면서 집중듣기를 처음 할 때 '영어 만만하네요', '영어 할 만해요.'라고 아이가 생각할 수 있게 부담 없이 시작하게 하자고 생각했다. 그래서 집중듣기를 처음 시작하는 날부터 이 또한 욕심 없이 2분부터 시작하였다. 사실 말이 2분이었지만 CD에서 흘러나오는 음원 중 영어 단어를 말해주는 것보다 노래 음이 더 긴 것을 제외하면 1분 남짓한 것도 있었다.

집중듣기의 첫 책은 집에서 자주 들었던 음률이 좋은 한 줄짜리 영어책이었다. 어릴 때부터 자주 들어 동요처럼 익숙해진 책이라 거부감 없을 책부터 선택했다. 처음으로 글자와 소리를 연결하는 시도를 하였기에 첫 반응을 엄마는 눈치를 살피듯 찬찬히 바라보았다. 아이는 의외로 "너무 짧아요. 좀 더 해도 돼요?"라고 물으면서 즐겼다. 아이들이 조금은 힘들어한다는 그 집중듣기를 우리 아이는 다행히 잘 넘어갔구나 하고 가슴을 쓸어 내렸다.

집중듣기란 '이러 이러한 겁니다.'라고 정의를 내리기엔 조금 애매하다. 단지 내가 생각하는 것을 표현한다면 단어를 알아가는 과정이라고 생각한다.

책을 펼치고 CD나 테이프 등의 음원에서 나오는 소리에 단어와 소리음을 정확하게 한 자 한 자 짚어 가면서 맞춰 가는 과정이라 생각하면 된다. 그리고 그 집중듣기를 한 책을 대상으로 읽어 낼 수 있을 때쯤엔 책에 있는 그림에서 각각의 단어의 의미를 찾아가는 과정이라고 생각한다.

한 자 한 자 짚어가면서 하는 이유는 아이가 A, B, C, D의 알파벳만 알고 있기에 글자와 소리를 일치시키지 않으면 무슨 말이 어떤 단어인지 알 수 없기 때문이다. 또 단어 하나하나를 눈으로 사진 찍듯 찍어 뇌에 저장하는 시간이라 생각한다.

그렇게 1분 또는 2분부터 시작한 집중듣기는 아이가 영어를 완성하는 그날까지 30분을 맥시멈으로 설정했다. 언젠가 100페이지가 넘는 리더스북으로 집중듣기 할 때 아이에게 "1시간 정도 집중듣기를 하라고 한다면 너는 어떨 것 같니?" 라고 물어본 적이 있다.

"엄마, 솔직히 예전에 해봤는데 30분이 넘어가면 멍했어요. 그래서 영어를 봐도 그다지 집중이 잘 안되었어요." 라고 했다.

집중하라고 해서 집중듣기를 하는데 집중이 안 된다고 하면 그것은 시간 낭비가 아닐까 하는 생각에 무게를 실어주는 말이었다. 또 처음 집중듣기 할 때 아들은 초등학교 1학년 말 즈음이었다. 그 시기는 가만히 앉아서 책만 보라고 해도 볼 수 있는 나이가 아니었다.

책 하나를 보면 몇 권을 연속해서 보는 나름 책을 좋아하는 아이였지만, 그건 순전히 자기가 좋아하고 편안한 한글 그림책이었기 때문에 가능하지 않았을까 싶다. 영어로 된 그림책은 조금 다른 성향의 책이었던 것이다. 유아와 초등학교 저학년의 특성상 집중력은 10분 남짓이란 것을 알았기에 이 또한 욕심을 내려놓았던 것뿐이었다.

둘째와 집중듣기를 함께할 때 사실 어른인 나도 30분이 넘어가면 집중도가 떨어지고 마음속으로는 언제 끝나나 하는 생각부터 들었다. 그러했기에 집중듣기의 효과가 좋다고 해도 내 아이의 집중 한계치를 넘지 않게 조절했고, 아이가 싫어하는 책은 집중듣기에서 과감하게 빼기도 했다.

여기저기 유명한 곳의 추천 도서 목록에 있는 책이라도, 다른 아이들이 너무나 좋아했다는 책이라도 흥미를 느끼지 않는 책은 빼 버렸다. 엄마표 영어를 할 때 처음부터 아이를 세심히 살피며 해야 하는 부분이 집중듣기라고 생각한다. 흘려듣기도 혼자서 할 수 있고, 영어책 읽기도 시간이 지나면 그냥 앉아서 읽기도 한다. 그러나 집중듣기만큼은 엄마의 도움과 관심이 많이 필요하다고 생각한다. 처음 집중듣기를 하고는 아이에 따라 다르겠지만 6개월에서 1년은 엄마가 함께하면 좋을 듯싶다. 물론 아이의 나이와 성향에 따라 기간은 더 늘어날 수도 줄어들 수도 있지만 말이다. 첫째 아들과는 거의 6개월 정도 기간 동안 옆에서 짚어가면서 해 주었다. 둘째 아들이 어린이집에서 오기 전에 가장 집중이 잘 될 시간에 말이다.

그래서 학교에 갔다 오면 가장 먼저 한 것이 집중듣기였다. 아들의 습관이 잘 잡혀서인지 6개월부터는 스스로 잘 짚어가며 들었기에 그다음 6개월 정도는 옆에 있어만 주었다. 콩나물을 다듬을 때도 있었고, 신문을 볼 때도 있었다. 주식 매매가 한창일 어느 때는 작은 독서 테이블을 사서 내 책상과 마주 보게 하여 지켜봐 주기도 했다. 그러고는 완성되는 그날까지 아들은 감사하게도 스스로 해냈다.

초등학교 6학년엔 해리 ○○와 나○○ 연대기 같은 책을 쉽게 읽을 수 있었어도 CD 음원을 들으며 완독했다. 왜냐하면 집중듣기를 하면서 오디오에서 흘러나오는 발음을 파닉스를 하지 않은 아들에게는 더 정확하게 익히는 시간이기도 했기 때문이다. 집중듣기 또한 흘려듣기와 같이 시간과의 싸움인 것 같다. 시간이 늘어날수록 읽어 낼 수 있는 단어가 늘어나기 때문이다.

이렇게 긴 시간이 아닌 30분의 짧은 시간의 확보만으로도 엄마표 영어는 성공할 수 있다고 말하고 싶다. 그렇게 되기까지 엄마는 조금은 아이의 시간과 엄마의 시간을 꼼꼼하게 파악하여 하나하나 잘 잡힌 습관을 만들어 갔으면 좋겠다.

꾸준한 독서가 답이다

나는 전문 지식을 갖추지 않은 평범한 엄마였지만 엄마표 영어를 만나기 훨씬 전부터 한글책의 중요성만큼은 너무나 잘 알고 있었다. 엄마표 영어를 하기 위해 많은 노력을 하고 있는 것이 사실이지만 이것이 목적이 될 수 없다고 생각하기 때문이었다. "인간이 만든 가장 소중하고 경이롭고 값진 발명품은 바로 책이다"라고 말한 영국의 토머스 카라일 말처럼 책이 아이의 삶에서 주는 영향력은 엄청나다고 생각한다. 내가 아는 위인 중에서는 책에 파묻혀 산 사람들이 너무나 많다. 그중 생각나는 사람이 도서관에서 살았다고 하는 에디슨, 책을 많이 읽어서 눈병이 났다는 세종대왕, 전쟁터에서도 책을 읽었다는 나폴레옹과 알렉산더 대왕이 있다.

그 외에도 레오나르도 다빈치, 안중근 의사, 정약용 선생님 등 많은 분이 책을 가까이했고 중요함을 많이 언급했을 정도로 책이 소중하다는 것은 모두가 아는 부분이 아닌가 싶다.

굳이 이런 대단한 분들을 언급하지 않아도 우리 엄마들은 안다. 그래서 아이들의 책을 사기 위해 지갑을 여는 것에는 아까워하지 않는 것 아닐까 싶다. 나 또한 중요함을 알기에 도서관 이용을 자주 했다. 특히 우리 가족 수에 맞게 한 번에 20권씩 대여해 주는 부분이 너무나 좋았다. 아이에게 보여줄 영어책이 턱없이 부족해도 한글책을 한 권이라도 더 많이 대여하려고 노력했다. 그렇게 한글책을 보면서 자란 아이가 적어도 자기에 대해 질문을 할 줄 아는 아이로 키우고 싶었기 때문이었다.

책을 통해서 사고가 발달한다면 자기 인생에 있어 중요한 것이 무엇인지 자연스럽게 알 것이고 그 뒤 이뤄지는 것은 스스로 잘하리라 믿었기 때문이었다.

자기 인생에 욕심을 가진 아이라면 언제든 공부는 스스로 잘 할 수 있을 거라는 막연한 믿음도 사실 존재했던 것 같다. 그래서 아이가 어린이집에 간 사이 '독서 지도법'을 배우는 것을 1순위로 잡은 이유이기도 했다.

그러고는 많은 부분이 달라졌다. 하루에 10권 심지어 아이가 원하면 20권도 훨씬 넘게 읽어 주며 '나, 참 괜찮은 엄마야.'라고 생각했던 부분도 달라졌다. 책을 보여주는 방법들을 배우면 배울수록 책 권수 또한 줄어들어 하루에 2권, 3권을 보여주는 날이 더 많아졌다. 보여주는 책 권수가 줄어드는 대신에 책을 보면서 대화를 많이 하게 된 것이었다. 간단한 그림책을 볼 때마저도 그림을 보며 하나하나 살피고 대화하는 것으로 말이다.

엄마표 영어로 생각해서 본다면 처음에 아이가 손에 쥐고 흔들면서 놀았던 한 단어로 된 아주 작은 책에서 소설로 넘어가듯이 엄마표 영어도 비슷하다고 생각한다. 한 단어, 두세 단어로 된 아주 짧은 문장으로 된 영어 그림책부터 시작해서 해리 ○○, 나○○ 연대기까지 가는 과정은 비슷하기 때문이다.

결국은 엄마표 영어도 책 읽기 중에 하나라고 생각한다. 대신 한글책을 많이 보면서 어휘력이 발전한 아이가 엄마표 영어를 끝내는 시기를 조금 앞당기는 부분은 분명히 있다고 생각한다.

앞서도 말했지만, 아이가 아무리 영어를 잘 받아들이고 영어책을 잘 읽어도 한글책 수준을 뛰어넘기는 힘들지 않을까 생각하기 때문이다. 그러하기에 한글책을 더 많이 보여주는 것이 오히려 영어를 잘하게 하는 방법이 되는 것이라고 말하고 싶다.

물이 99°에서 100°가 넘어 끓는점에 도달하여 액체에서 기체로 바뀌는 것을 나는 학창 시절보다 성인이 되어서야 솔직히 "아!" 하고 알게 되었다. 분명 과학 시간에 배웠을 것인데 말이다. 그 끓는점을 머리로, 마음으로 느꼈을 때 새삼 놀라워했던 기억이 난다. 99°와 100°는 딱 1° 차인데 바뀌는 순간 그 성질은 완전히 달라지기 때문이었다. 엄마표 영어도 그러한 것 같다. 99°가 될 때까지는 인풋 시기인 것 같다.

아이마다 시기는 다르겠지만 집중듣기와 흘려듣기, 그리고 한글책과 영어책을 꾸준히 보면서 자신도 모르게 서서히 끓어오를 것이라고 믿는다. 그렇게 차올라서 '빵'하고 터지는 아웃풋 시기가 되면 그때부터는 급속도로 발전한다는 것을 이제는 경험으로 잘 안다.

아이에게 더 많은 부분을 줄 수 있는 것은 없을까 하고 고민하다가 다른 교육들도 배워나갔다. 신문 NIE도 배우고, 큰아이 초등학교 4학년 때는 유대인 교육법으로 유명한 하브루타도 부부가 동시에 배워 아이와 함께 책을 읽고 대화하려고 노력했다.

한글책을 보면서 질문을 했듯이 영어책을 읽고 있을 때도 가끔 질문을 던졌다. 어떤 느낌인지, 어떤 말인 것 같은지도 물어도 보고, 그에 대해 짧은 대화를 나누곤 했었다. 아마도 그 시기 즈음 어휘력이 폭발적으로 늘어났던 것 같고 엄마표 영어가 성장하는 데 많은 도움이 된 것 같다. 또 그림이 재미있어 보이는 영어 그림책을 발견하면 오히려 아들에게 부탁했다. "이 책 내용이 너무 궁금한데 집에 가서 읽어 줄래?"라며 말이다.

그러면 아들은 사명감이 있는 사람처럼 더듬더듬 읽어도 주고, 자기 나름대로 그림을 추측해 가면서 해석도 해 주었다. 오히려 아들에게 부탁했던 부분이 자연스럽게 읽기 연습이 됐던 것 같다. 마치 아이는 영어책 읽어 주는 선생님이고, 엄마는 들어주는 제자처럼 말이다.

아이가 읽어 주는 부분에서 실수하는 부분이 있어도 엄마는 알 수 없으니 무한 칭찬과 존경의 눈빛만 반짝반짝 보내 주었다. 엄마로서 내가 해 줄 수 있는 최선의 표현이었다. 우리 아이가 살아가는 곳이 어느 나라인지, 또 어떤 것이 더 중요한지 생각해 본다면 한글책이 1순위여야 하지 않을까 생각한다. 그리고 꾸준히 이어온 집중듣기를 통해 영어 그림책과 영어 소설까지도 읽어 낼 수 있는 힘이 길러질 수 있을 거라고 본다.

그렇게 길러진 책 읽기의 힘으로 다른 나라의 문화와 역사도 자연스럽게 알게 되는 것은 아닐까 싶다. 이 또한 엄마표 영어를 통해 길러지는 책 읽기의 매력이라고 생각한다.

영어를 못하는 엄마도 가능한 엄마표 영어

"아들! 만약에 엄마가 영어를 잘했으면 넌 좀 편했을까? 더 빨리 성공했을까?"

나의 질문에 아들이 이렇게 답했다.

"만약 엄마가 영어를 잘했다면 제가 성공하지 못했을 수도 있어요."

그리고 이렇게 이어서 말했다.

"만약 엄마가 영어를 잘하셨으면 칭찬보다는 제가 못하는 것을 더 많이 지적해서 엄마표 영어를 포기했을 수도 있었을 것 같아요."

영어를 못한 것이 장점이 된 케이스인 듯했다. 만약 나의 성격에 영어를 잘했다면 아마도 아이가 책을 읽거나 할 때 발음도 귀에 거슬렸을 것이다. 또 한 번씩 문장을 아는지 체크해가면서 입으로는 괜찮다고 하면서도 온몸의 에너지로는 이게 안 돼?"라며 신호를 보내지 않았을까 싶다. 아이가 잘하는 것보다 못하는 것이 내 눈에 더 많이 띄었을 것이다.

잘할 수 있을 것이란 믿음을 주기보다는 현재의 잘하지 못함을 깨우쳐 주려 더 노력했을 것이다. 한마디로 칭찬보다는 지적을 더 많이 했을 엄마였을 거라는 거다. 그러나 다행스럽게도 그럴 수 없는 엄마이기에 아이가 읽어 낼 때마다 세상 부러운 눈으로 질문만을 했던 것이었다 "와, 그게 읽어져?" 라고 말이다.

때론 "뭐라고 해? 진짜? 그게 들려? 아들! 엄마는 너만큼만 들려도 좋겠다!"라며 말이다. 그 부러움과 격려로 아이가 마음을 다치지 않고 잘 성장했던 것 같다.

영어를 곧잘 했던 아이의 아빠도 적극적으로 도운 부분도 있었다. 그 시절 아이 아빠는 해군이었지만 해군 중에서도 특수한 부대였고, 조금 특별한 일을 했다. 임무 수행을 위해 아이가 태어나기 전에도, 그리고 아이가 돌잔치를 해야 할 시기에도 외국으로 나가 반년 아니면 몇 달 만에 돌아오곤 했다.

어느 날 함께 일했던 영국인들이 한국으로 와서 가족 단위로 식사를 하는 날이 있었다. 음식을 접시에 담기 위해 줄을 섰을 때 하필 영국인 한 분이 내 옆으로 와서 친절하게 눈웃음을 보내면서 말을 거는 것이었다.

뷔페의 음식을 뜨고 있는 그 줄이 얼마나 길게만 느껴졌던지 나는 그저 미소에 미소를 보내다가 헤어질 때쯤 "Have a nice day."가 다였다. 그런데 신랑이랑 함께 일하는 동료의 아내는 외국인과 아주 자연스럽게 대화하면서 음식을 뜨고 있는 것이었다. 그날 그분은 참 세련돼 보였고 한마디로 있어 보였다. 아, 진짜 부러웠다. 그 부러움이 큰 만큼 나는 나 자신이 매우 창피했던 기억이, 남편 옆에 서기가 부끄러웠던 그런 날도 있었다.

이렇게 외국인과 의사소통이 어느 정도 되었던 아이 아빠가 적극적으로 도움을 준 것은 아이러니하게도 아이에게 영어의 부담을 주지 않은 것이었다. 즉, 아이가 영어책을 읽는 것을 체크하거나, 영어로 대화하거나, 단어의 뜻 등을 묻지 않았다는 것이다.

아이가 4학년 말쯤 아웃풋이 가능해진 시기가 와서야 아이와 아빠는 그것도 가끔 영어로 대화를 주고받을 정도였다. 그 또한 지속하지 않았고 가끔이었다. 이 시기쯤 아이 아빠가 아이와의 대화에서 느꼈는지 이젠 자기보다 조금씩 앞서가기 시작한다고 말해주었다.

엄마표 영어를 하든, 독학하든, 학교 또는 학원에서 배우던 영어의 그 종착역을 향해서 가는 것은 아이가 아닐까 싶다. 결국 엄마는 옆에서 거들 뿐이고 아이가 해나가야 한다는 것이다. 단지 그 아이가 나아가는 길목에서 엄마는 엄마표 영어에 성공할 수 있게 길잡이 역할을 해 주고, 외롭지 않게 손잡고 함께 걸어가는 것만으로도 충분하다고 본다. 나는 특별히 알아줄 만한 학벌이 있는 것도 아니요. 미모가 출중한 것도 아닌 나였다.

그렇다고 특별한 손재주가 있는 것도 아니었다. 그렇지만 그나마 내가 가진 장점이라고 한다면 꾸준함이었던 것 같다. 새롭게 무엇인가를 받아들이는 것은 빠르지 않은 나였다.

하지만 찾아진 정보에서 내가 할 수 있는 만큼은 최선을 다해서 꾸준하게 해 보는 것 그것이 그나마 내가 가진 장점이라고 말이다. 꾸준하게 해서 눈에 보일 데이터가 쌓일 때쯤 되어서야 지속할 것인지 포기해야 할 것인지 결정하며 살아왔다. 이러한 부분은 살면서 저절로 얻어진 나만의 교훈이었다.

만약 학원을 보내더라도 한 달 또는 몇 달을 보내고는 내 아이와 맞지 않는 것 같다고 하지 않았을 것 같다. 아이가 선생님과 호흡을 맞출 수 있는 충분한 시간을 주기 위함이기 때문이다. 이처럼 엄마표 영어를 하는 부모님께도 최소한 2년은 꾸준하게 아이가 습관이 잡히고 어느 정도 결과가 나올 때까지 환경을 만들어 주길 바라는 마음이 크다. 이 기간은 아이가 영어라는 새로운 바다에서 수영을 배우는 시기라 생각해 보자.

물의 두려움을 이겨내고 적어도 발목에서 허벅지까지 그 바닷물을 느낄 수 있는 최소한의 시간이라고 생각하면 어떨까 싶다. 허벅지까지 가는 동안에 모래 속에 있는 조개도 발견하고, 모래사장을 재빠르게 달려가는 작은 게도 발견해 갈 것이다. 때로는 거친 굴 껍데기에 발가락을 베여서 아프다고 힘들다고 말할지도 모른다. 하지만 나는 아이를 믿고 싶었다.

밴드 하나 딸랑 붙여주고서 다시 손잡고 걸어가는 바닷속이 참 신비롭다고 생각해 주길 말이다. 그러다 자신감이 생기면 수영도 해보고, 잠수도 해 보고 싶다고 생각할 것이라 믿고 싶었다. 그러니 허벅지까지 갈 때까지는 아이의 손을 잡고 아이와 함께 천천히 걸어가는 여유를 가져주면 어떨까 싶다. 엄마는 수영을 잘할 필요가 없다. 자신감이 생기면 아이가 스스로 엄마 손을 놓고 고래처럼 넓은 바다로 헤엄쳐 갈 테니 말이다.

엄마가 영어를 못해도 엄마표 영어의 성공 노하우를 아이에게 알려주면 아이는 스스로 영어의 바다에서 충분히 즐기면서 헤엄치게 될 것이라 믿는다.

혹시 나와 같은 엄마가 있다면 우리 기죽지 말자고 말해주고 싶다. 정말이지 별 볼 일 없는 나 같은 사람도 했다고 충분히 할 수 있다고 말이다.

제3장
영어 1도 못하는
엄마도 성공할 수 있을까?

눈물이 터지다

단계를 무시한 영어는 얼마 못 가서 벽에 부딪힌다는 것을 뼈아프게 배웠다. 아들은 감사하게도 집중듣기부터 순풍에 돛단배처럼 어찌나 잘 받아들이던지 그 모습을 바라보는 엄마의 마음은 그야말로 '야호!'하고 쾌재를 부를 수밖에 없었다.

세상에서 제일 쉬운 것이 엄마표 영어요, 스트레스도 받지 않고, 돈까지 아낄 수 있는 것이 엄마표 영어라고 외치고 싶었다. 이러다가 2년도 안 되어 완성하는 신기록도 세울 것 같았다. 나도 아들도 함께 지옥을 맛볼 날이 머지않았음을 그때는 정말 알지 못했고, 그 달콤한 날들도 그다지 오래가지 않았다.

우리 모자가 그렇게 생각했던 이유 중 하나는 집중듣기 부분이었다. 앞서도 말했듯 초등학교 1학년 10월 3일 집에 있는 책 중 익숙하면서도 낮은 단계인 책을 골랐다. 여기서 낮은 단계란 그림의 비중이 80~90%이고 문장에서 단어가 차지하는 부분은 2개 또는 3개 정도의 단어가 있는 것이 전부인 책을 말한다. 이러한 책으로 집중듣기를 첫날 했다.

그리고 2일 차 되는 날 첫날 했던 책에 이어서 또 다른 익숙했던 음원이 있던 책을 골랐고, 3일 차엔 전날 두 권에 이어서 또 다른 책을 같이 하게 했다. 그러면서 집중듣기를 한 영어책을 바로 읽어보라고 주문도 했다. 그렇게 10일 차에는 낮은 단계 책 수준을 무시하고 집에 있는 책 중 문장에 단어 수가 제법 들어가거나 문장이 2줄, 3줄 있는 것을 연결해 나갔다.

더 빠르게 습득을 원했기에 흘려듣기는 집중듣기를 한 CD를 반복적으로 온종일 아이가 들을 수 있게 카페의 배경 음악처럼 들려주기도 했다. 그러면서 도서관에서 책을 빌려오는 것도, 아이에게 책을 읽게 하는 것도, 집중듣기를 하는 것 모든 것이 체계도 없고 계획도 없이 마구마구 들려주었던 것이다. 그저 빠르게 빠르게 주문하면서 말이다.

나는 우리 아들이 언어 영재인 줄 알았다. 첫 집중듣기를 한 뒤 6개월 정도 지났을 때 챕터북을 아이의 손에 쥐여주고 있었으니 말이다. 이 챕터북이란 그림의 비중보다 글자의 비중이 높은 책으로 그림책에서 영어소설로 넘어가기 위한 중간 다리 역할을 하는 수준이다. 그래서 낮은 단계 책으로 단련이 되지 않은 상태에서 챕터북으로 넘긴 아들에겐 독이 되어버린 책이었다.

어느 날부터 순하게 모든 것을 받아들였던 아이가 조금씩 변했다. 집중듣기를 하면서 두 볼이 터질세라 입안에 공기를 가득 머금고 불만을 표시

하는 눈빛도 보내고 있었다. 때론 입술이 툭툭 튀어나오면서 짜증을 내듯 짚고 있는 펜으로 책을 쿡쿡 찌르면서 집중듣기를 하기도 했다. 며칠을 바라보는 나도 짜증이 슬슬 나기 시작했다.

'그래, 선배맘이 아이들이 싫어할 때도 있다고 하더라. 그럴 때는 당근을 줬다고 했지.' 하면서 먹고 싶은 것도 사주고 과한 칭찬도 해 주었다. 그런데도 아들은 이유 모를 짜증을 내기 시작했고 급기야 엄마표 영어를 거부하기 시작했다.

"재미없어요!", "엄마! 엄마표 안 하면 안 돼요?" 라며 점점 자기의 의사 표현을 하기 시작했다. 왜 그러냐고 물어도 아이 자신도 알지 못했고 그걸 바라보는 나조차도 알지 못했다. 그렇게 갑자기 정말이지 어느 날부터 엄마표 영어를 밀어내기 시작한 것이었다.

그 무렵부터 매일 다투기 시작했다. 어느 날은 "이러면 학원 보낸다 학원 가서 매일 영어 단어 20~30개씩 외우고 숙제하고 해봐 어느 것이 더 쉬운지 그때 후회해도 소용없어." 라고 조금 과장해서 말하기도 했다.

또 "야! 아들 엄마표 영어는 무조건 해! 이건 명령이야!" 라고 윽박지르는 날도 있었다.

아이가 초등학교 2학년이 되도록 키우면서 부모로서 협박이나 강압적인 말을 하지 않으려 노력해왔다. 심지어 손바닥에 손톱자국이 새겨질 만큼 주먹을 꾹 쥐면서 냉랭한 말투를 이어갈지언정 소리 지르기를 피했을 정도로 참아내곤 했다. 그런데 이 엄마표 영어가 어느 날부터 소리도 지르게 하고 짜증도 내게 했다.

하루를 하고 나면 또 내일이 걱정이었고, 내일은 어찌 달랠까, 또 그다음 날은 또 어떤 말들로 아이를 강제로 하게 할까? 정말이지 생지옥이 따로 없었다.

대화와 토론으로 언제나 화기애애하던 우리 집에서 아들과 나의 대화는 "오늘 엄마표 제대로 안 할 거야?" "자세가 왜 그래!" 부터 온갖 칼과 창이 난무하는 전쟁터로 돌변해 아이의 마음에 비수를 꽂았다. 퇴근해서 돌아온 남편에겐 둘째의 재롱과 첫째의 못마땅함 만을 토로하는 비교하는 엄마가 되어가고 있었다. 엄마인 나의 기질이 강해서인지, 아니면 아들의 기질이 약해서인지 모르겠지만 아이는 한숨과 함께 하루하루 그렇게 실천해 나갔다. 그러던 어느 날이었다.

"엄마! 솔직히 이 책 못 읽겠어요?"

"왜? 집중듣기 했잖아?"

"했는데 무슨 말인지도 모르겠고 모르는 단어가 너무 많아서 잘 안 돼요."

그때까지도 엄마는 눈치 없이 집중듣기를 할 때 집중하지 않으니 잘 안 된 것 아니냐고 다시 아이에게 야단을 치고 있었다. 원인은 따로 있었는데 말이다. 나중에 알게 된 사실이 처음 집중듣기를 하고 그 책을 바로바로 읽어 나가기 시작한 것은 아들이 대단히 똑똑한 언어 영재여서가 아니었다.

그 첫 번째 이유는 노래로 그저 외우고 있었던 것이었다. 그동안 집중듣기를 해온 시리즈는 6세 때 이미 접했고, 음원이 너무나 좋아 자주자주 들었던 것이라 자연스럽게 외워진 것이었다. 즉, 글을 아는 것이 아닌 노래로 익혀서 아는 것처럼 보였던 것이었다.

두 번째는 단계를 무시한 집중듣기와 책 읽기의 병행이었다. 집에 있는 대부분의 영어 그림책 시리즈는 문장 수가 적은 낮은 단계와 제법 문장 수가 많은 높은 단계가 세트로 되어 있었지만, 계획 없이 집중듣기와 읽기를 병행했기 때문이었다.

세 번째는 도서관에서 빌려오는 책들조차 문제였다. 아이가 좋아하는 책의 성향을 파악하지 않고 그저 이 정도 문장은 아이가 소화해 낸다며 대충 눈대중으로 책을 빌려서 아이 앞에 내밀었던 것이었다.

그리고 가장 중요한 네 번째는 충분히 낮은 단계 책을 보여주지 않은 것이었다. 엄마의 욕심에 단어 몇 개 있는 책보다 문장이 많은 책으로 집중듣기와 책 읽기를 하는 모습이 더 보기 좋았고, 더 빨리 성공의 길로 간다고 착각한 부분이었다.

그러니 그림이 많고, 글자 수가 적은 책은 집에 있는 노○영 몇 권과 도서관에서 빌려온 그다지 많지 않은 책으로 때우듯이 하고 만 것이었다. 그렇기에 그림보다 글자의 수가 많은 챕터북 앞에서 아이는 벽에 부딪혔던 것이었다.

엄마의 잘못으로 엄마표 영어를 하는 아이에게 영어의 즐거움은 잠시고 '영어가 세상에서 가장하기 싫어요.' 로 만들어 버린 것이었다.

엄마, 이거 진짜 되나요?

"엄마, 이거 진짜 되나요?" 라고 어느 날 아들이 처음으로 평소와는 사뭇 다르게 내 눈을 바라보며 말을 걸었다. 아들은 언제나 학교에서 집으로 오면 하루 계획을 짰다. 그 1순위가 학교 숙제였지만 숙제가 거의 없었기에 1순위는 엄마표 영어가 차지하는 날이 많았다. 그중에서 엄마랑 함께 해야 하는 집중듣기가 가장 먼저 그날의 계획 중 하나였다.

커피 한 잔 끓이러 가던 내 눈에 아들의 계획 노트가 보였다.

"왜 계획 노트에 엄마표가 뒤로 밀리니? 가장 먼저잖아. 다시 짜서 보여줘"라며 말하고는 차를 마시며 기다렸다. 그런 나에게 계획을 짜던 아들이 나지막한 목소리로 나를 부르며 하는 말이었다.

질문하는 아들의 눈빛은 많이 흔들렸고 많이 불안해 보였다. 사실 엄마는 더 흔들리고 더 불안해하는 중이었기에 아들에게서 뿜어져 나오는 기운은 온몸을 찌르듯 하여 아들의 불안함을 바로 알아차릴 수 있었다.

"된다니깐 걱정하지 마! 너 하기 싫어서 그러는 것 같은데 핑계 대지 말고 계획부터 짜고 실천하자"라고 얼버무리며 넘어갔다. 내가 영어를 잘 알았다면 현재 어땠을까? 하는 생각도 들었다. 영어를 할 줄 아는 엄마만이 엄마표 영어를 하는 건데 괜히 어설프게 밀어붙여서 오히려 아이를 망치는 것은 아닌가 하는 생각도 했다.

심지어 엄마표 영어 이거 정말 되는 것 맞아? 라며 아들의 질문처럼 의심하기도 했다.

며칠이 지난 어느 날 진한 커피를 연이어 석 잔을 마시며 '문제가 뭘까?' 하고 새벽녘까지 고민했던 날도 있었다. 연이어 마신 커피믹스 때문인지 더부룩한 나의 속만큼이나 머릿속도 더부룩 해졌다.

'접어야 할까?, 이대로 끌고 가야 할까?', '끌고 간다면 어떤 부분이 문제일까?', '문제를 찾게 되면 어떻게 해야 할까?' 하며 질문에 질문을 하면서 말이다.

그렇게 그날 이후 며칠을 고민했다. 어떤 부분이 문제인지 다시 체크를 해 보고, 엄마표 영어의 지속 여부를 결정하기로 했다. 먼저 아이가 집중 듣기를 해온 패턴을 생각해 보았다.

그리고 난 뒤 나를 한껏 기를 죽여 다시는 보지 않으려 했던 엄마표 영어 관련 책을 펼쳐 들었다. 그렇게 한 페이지 한 페이지를 살피며 앞서간 선배맘의 글들을 다시 정독하기 시작했다. 차츰 무엇이 문제였는지 느낌이 조금씩 왔다. 그것은 중요하다고 했던 단계를 무시한 결과였다. 그리고 아이의 성향에 맞지 않게 마구잡이로 책을 빌려와서 무조건 하게 했던 것이었다.

나는 당장 아들에게 말했다. 처음부터 천천히 다시 해 보자고 말이다. 그러나 마음이 떠난 아들의 반응은 싸늘했다. 하지만 아직은 2학년이니 학원보다는 한 번의 기회를 더 줄 수 있는 충분한 시간이 있다고 스스로 다독였다.

엄마도 처음이라 실수에 대해 사과하고 싶었다. 하지만 엄마의 작은 흔들림도 아들에겐 폭풍우 같은 흔들림이 될 수도 있겠다는 생각이 미치자 잠시 사과할 시점을 미루어야겠다는 생각도 들었다.

처음 했던 책들을 순서대로 나열하고는 다시 시작했다. 그리고 책 구매에 조금 더 신경을 썼다. 엄마표 영어를 하면서 돈 들이지 않고 하려 했던, 한마디로 날로 먹으려 했던 날강도 같은 생각도 버렸다.

그렇다고 형편을 무시할 순 없었지만, 중고가 있으면 중고로, 새 책이 좋아 보이면 새 책으로 사들여 나갔다. 현재도 엄마표 영어를 진행 중인 둘째 아들의 책을 보면 낮은 단계 책을 더 많이 구매하고 있다. 2년이 지나가는 지금까지 반도 못 보여 줬다고 할 정도로 말이다. 왜냐하면 큰아들의 실수에서 배웠기 때문이었다. 그만큼 천천히 꾹꾹 눌러 자기 것으로 소화 시키며 나아가려고 하고 있다는 것이다.

그렇다면 왜 낮은 단계 책을 자주 보여줘야 할까? 전문가적으로 표현할 수는 없지만, 첫아이와 둘째 아이의 경험으로 인해 알 수 있는 것도 있었다. 만약 같은 100권의 영어책을 아이들이 보았을 때, 한 아이는 낮은 단계 책을 다지면서 보았고, 다른 아이는 책의 단계를 빠르게 넘기며 진행한 아이가 있다고 가정해 보자. 그렇다면 그중 누가 더 많은 단어의 의미를 자기 것으로 만들 수 있을까?

또 책에서 본 단어들을 흘려듣기로 접했을 때 아이가 책에서 등장하는 단어와 영상에서 등장하는 단어들을 접목하는 능력이 어느 쪽이 더 빠를까?

그리고 그림이 없는 리더스북이나 챕터북을 접했을 때 뚜렷이 알아볼 수 있는 단어가 어느 쪽이 더 많을까? 한마디로 둘 중 어느 아이가 단어가 주는 의미를 제대로 느끼면서 책을 볼 수 있는지였다. 그래서 현재 둘째는 낮은 단계 책을 더 많이 보여주려 노력하는 것이다.

한 페이지에 한 단어, 두 단어만 있어도 오히려 더 많이 보여준다. 그 페이지에서 그림을 보고 단어의 의미를 유추할 수 있는 능력이 더 빠를 거라 믿기 때문이다.

이렇게 실수에서 배워 큰아이에겐 미안하지만, 둘째에겐 오히려 맘 편하게 하는 것은 사실이다. 낮은 단계 즉 문장 수가 적어도 그 책에서 보이는 그림과 글을 체하지 않게 천천히 먹여가며 단계를 나아가고 있다는 것이다. 그래야만 긴 엄마표 영어의 싸움에서 오히려 빠른 지름길이라 이제는 의심치 않기 때문이다.

어디 가서 엄마가 공부시킨다고 이야기하지 말아라

"아들, 있잖아! 엄마표 영어는 학교와 학원에서 배우는 방법과 360°로 다를 수 있어 그러니 학교 시험에서 빵 점 먹을 수도 있어."

"왜요?" 눈을 동그랗게 뜨고는 물어보는 아들에게 "말했잖아. 배우는 방법이 다르다고, 저기 동생 봐봐 엄마가 연필 주면서 '엄마', '아빠'하고 쓰라고 하니 아니면 그냥 말만 했는데도 알아듣니?"라고 말하며 엄마표 영어를 익히는 순서와 학교에서 가르쳐 주는 순서를 동생의 예를 빗대어 설명해 준 적이 있다.

"그러니 학교를 졸업할 때까지 영어 문제집을 풀라고 하지 않을 거야. 그리고 엄마가 학교 영어 수업 시간에 뭘 배우는지, 단원평가는 치는지 등 전혀 묻지 않을 테니 혹시 빵점 먹더라도 전혀 신경 쓰지 마." 라고 말해주었다. 3학년이 되어 가방 안쪽 작은 투명 비닐 속에 넣어둘 수업 시간표를 함께 적으며 한 대화였다. 그러고는 학교 다니는 내내 학교에서 이뤄지는 영어에 대해서는 제대로 물어본 적이 없었다. 시험을 치는지, 학교 수업은 잘 따라가는지 그다지 묻지 않았다. 단지 가끔 원어민 선생님이 여자 선생님이니? 남자 선생님이니? 수업 시간 내내 영어로만 수업하니 아니면 한국어로도 수업하니? 영어 수업 재미있니? 이 정도의 질문이 다였다.

무관심한 엄마라 그런 것도 아니고, 영어를 잘 모르는 엄마이니 물어보지 못하는 것이 아니었다. 엄마표 영어를 시작할 때 학교 성적이 아닌 우리말 같은 언어 하나 만들어 주자는 생각에서 시작해서인지 마음의 조급함이 덜했기 때문이었다. 설령 엄마표 영어를 초등학교가 아닌 고등학교까지 끌고 간다고 해도 불안해하지 않을 것 같은 무모함도 있었다.

만약 고등학교 때 완성했다고 해도 영어의 완성도가 다를 것이란 생각을 가졌기 때문이었다. 왜냐하면 학원을 보냈어도 우리 아이는 틀림없이 열심히 했을 것이라 믿는다.

하지만 엄마표 영어만큼 귀가 열려서 대화와 토론이 되는 영어를 할 수 있을까라고 생각해 보면 적어도 내 아이는 아닐 것 같았기 때문이었다.

어쨌든 챕터북 앞에서 멈춘 1년간의 기간 동안 여전히 냉랭한 날이 더 많았고 아들은 수시로 짜증을 내었다. 단계를 낮추어서 다시 시작하니 아마도 자존심이 무척 상한 것 같았다. 그리고 한번 심어진 불신의 싹은 더 큰 불신으로 줄기까지 형성한 것 같았다. 아들은 시간 낭비 같고, 또 일상처럼 된 이 모든 것에서 슬럼프도 온 듯해 보였지만 엄마는 그 끈을 놓치지 않았다.

엄마의 잘못으로 이런 결과를 만들었지만 어떤 공부든, 성공이든, 1만 시간의 법칙은 있다고 믿었다. 그리고 꾸준함을 이길 수는 없다는 확신도 가지고 있었다. 초등학교 졸업할 무렵 큰아들이 내게 이런 말을 한 적도 있었다.

"엄마, 나는 좋은 기억들은 일기에 적는데 초등학교 일기장 내용 중 그때 그 1년간은 어디에서도 엄마표 영어에 대한 언급이 한 문장도 없어요. 그 정도로 그 시기는 정말로 엄마표 영어가 하기 싫었다는 증거예요." 라고 말이다. 지금은 아들도 나도 웃으며 말하는 그 시기지만 말이다. 그렇게 부정적으로 바라보던 아들의 시선이 바뀐 계기는 얼마 되지 않아 찾아왔다.

어느 날씨 맑은 날, 너무나 밝은 표정을 빛내며 학교에서 돌아온 아들이 나를 안아주는 것이 아닌가?

"엄마! 엄마가 왜 이 엄마표를 하라고 했는지 이제 알겠어요. 이제 제가 더 열심히 할게요." 라고 말하면서 말이다. 이유인즉슨 영어 수업 시간에 있었던 일을 떠올리며 마치 전쟁에 나가서 승기를 잡은 장군 같은 표정으로 말을 이어갔다. 반에서 공부도 잘하고 똑똑한 아이와 영어교실에 나란히 앉게 되었다고 한다. "나는 학원에서 중학교 단어도 외운다." 라며 그 아이가 자랑했다는 것이다.

"너 그럼 이것도 읽을 수 있니?"라고 말하면서 아들이 언제나 말하는 똥색 영어 노트를 내밀었다고 한다. 영어 노트이니 그 노트의 표지에 무슨 말인지도 모를 영어들이 마구마구 쓰여 있었다고 한다. 그 노트를 바라보던 친구가 한참을 바라보다가 한마디 했다고 한다.

"야! 그럼 너는 읽을 수 있니?"라고 말하며 아들 앞으로 내밀면서 말이다.

아들은 그날에서야 노트에 적힌 글을 제대로 보게 되었는데 신기하게도 술술 읽어지기도 했지만 거의 해석도 되었다는 것이다. 그래서 마음속으로 자신도 너무나 놀라워했다고 말이다.

"너 어느 학원 다니니?" 라고 물어보는 친구에게 "나 아무 학원도 안 다니는데." 란 말만 놀리듯 해 주었다며 그날의 이야기를 마구마구 쏟아내는 것이었다. 방방 뜨는 아들을 애써 진정시키며 엄마가 한 말은 지금 생각하면 너무나 부끄러운 말이었다.

"아들! 있잖아. 어디 가서 엄마표 영어 한다는 것을 아무에게도 말하지 마." 라고 그날 다짐에 또 다짐받았었다. 나 또한 여느 엄마랑 다르지 않은 욕심을 마음속으로는 가지고 있었기 때문이었다. 웬만하면 내 아들이 돋보였으면 좋겠다고 생각했다. 그래서 내가 생각하는 수준만큼 영어가 완성되면 "짜잔!" 하고 보란 듯이 내보이면서 자랑하고 싶었던 마음이 더 강했기 때문이었다. 참으로 어리석은 엄마였다.

엄마표 영어를 하는 것은 외로움과의 싸움이고 내가 제대로 가고 있는 것인가? 하며 두려움과의 싸움인 걸 알면서도 내 아이만 돋보이면 된다고 생각했으니 말이다.

주위에 엄마표 영어를 권해도 아주 한정적인 사람들에게만 권했고 말에 힘이 실리지도 않았었다. 함께 하는 사람이 있었다면 조금 더 마음 편히 달려왔을 수도 있는데 그땐 정말 몰랐다. 그저 내 아이만의 엄마표 영어 성공만을 바란 속 좁은 엄마였기 때문이었다.

어쨌든 그날 이후 엄마표를 대하는 아들의 행동은 많이 달라지고 있었다.

엄마 알람 시계 사 주세요

"엄마! 저 알람 시계 하나 사 주세요."

어느 날 아침밥을 먹으며 아들이 말했다.

"저 내일부터 아침 7시에 일어나서 흘려듣기 조금 하고 학교에 갈게요." 라는 것이었다. 내심 너무 놀란 나는 스스로 가능하겠냐고, 무리하려는 것이 아닌지 물었다.

"이 정도는 돼야 영어의 신이 될 수 있죠." 라며 눈을 크게 뜨고 한쪽 입꼬리는 귀 옆까지 도달할 정도로 잘난 척을 하면서 말하는 것이 아닌가? 그러면서 이제 엄마표 영어는 혼자 스스로 하겠다고 의심하지 않겠다는 말도 했다.

친구와의 똥색 영어 노트 이후 반 친구들은 점점 큰아들의 영어 실력에 놀라고 있었다고 했다. 원어민 선생님이 하시는 말씀 또한 들리기 시작하니 대답도 곧잘 하게 되었고, 그때마다 친구들이 어느 학원에 다니는지 묻기도 했다고 한다. 그리곤 "누군 좋겠다. 학원도 안 가는 데 영어를 잘하고." 라며 부러워하기 시작했다는 것이다.

"엄마, 학원을 안 가는 아인 나밖에 없어요. 이제 우리 반에서 거의 다 학원 가는데 친구들이 절 얼마나 부러워하는지 아세요?" 라고 덧붙이기도 했다.

그러면서 앞으로의 각오를 이야기해 나가기 시작했다. 그날의 감동이란 지금도 잊히지 않는다. 엄마는 늘 미안했다. 휘핑크림처럼 부드럽게 아들을 집중듣기 장소로 앉히기도 하고, 어떤 날은 협박 비슷한 말까지 했던 부분도 있었기 때문이었다.

고백하자면 나도 사람인지라 피곤함에 피곤을 더한 어느 날은 이거 때려치울까 했던 마음이 수십 번도 더 들었었다. 그 마음들을 누르고 함께했던 것에 대한 보상을 받는 것 같아서였다. 이제 뭔가 숨통이 트이는 그 느낌을, 안도감을 지금도 잊을 수가 없다. 아마도 아이 또한 스스로 느낀 것 같다. 자신의 영어 실력이 점점 좋아지고 있다는 것을 말이다. 그리고 아이 스스로 자신이 다른 친구들과 격차가 벌어지고 있다는 것을 느꼈으니 첫째에게서는 엄마의 역할은 점점 더 줄어드는 시기가 되어간다는 말이기도 했다.

아들이 마음을 열기 시작하니 도서관에서 책을 빌려오는 주기가 점점 짧아졌다. 마지못해 앉아서 집중듣기를 할 때 보다 더욱 빠른 속도로 한 권씩 떼어내 갔기 때문이었다.

초등학교 4학년. 봄꽃이 시들해지고 연한 잎이 짙은 녹색으로 변해 갈 즈음 나와 자주 왕래하던 친한 동생 집에 놀러 간 적이 있었다. 그 동생에겐 나의 아들보다 두 살 많은 딸도 있어 가끔 아이들의 교육에 관해 대화를 많이 했던 친구 같은 동생이었다. 그날 집에 갔을 때 그 딸아이가 풀다 만 영어 문제집이 펼쳐져 있었다. 나는 요즘 초등학교 6학년은 어느 정도 수준인지 궁금하여 차와 과일을 준비하는 동생을 뒤로하고 문제집을 살펴보았다. 그리곤 마음속으로 내심 놀랬다.

중학교 1학년에 처음 배웠던 경험만 생각했다가 초등학교 6학년 문제집 수준을 보면서 "와! 요즘 수준들이 아주 높네." 라고 생각했기 때문이었다. 그때 아들이 옆으로 살며시 오는 것이었다. 나는 얼른 그 딸아이가 펼쳐두었던 페이지를 찾아 그대로 펼쳐두고 부엌 쪽 식탁으로 가려는데 아들의 목소리가 들렸다. "이건 4번이 답이고, 이건 3번이 답이고." 하며 중얼거리는 것이었다.

"아들! 너 뭐 알고 그러니?" 라며 장난기 섞인 말투로 말하는 내게 아들이 말했다.

"엄마, 그냥 읽으니깐 답이 다 보이는데요. 이것 보세요." 라면서 지문을 줄줄 읽으며 해석해 주는 것이었다. 그날 푼 문제 중 첫 번째 답은 4번 소방관(fireman) 이었다. 아들이 한 문제의 지문을 읽고 답을 찾는데 약 30초를 넘지 않았다. 지문이 짧은 것도 있었겠지만 아들 말로는 쓱 읽으니 바로 답이 보였다고 했다. 그 말을 듣는 순간 어찌나 기분이 좋던지 지금도 잊을 수가 없다.

왜냐하면 아들은 3년 넘게 인풋만 했었다. 중간중간 아들이 읽어주는 그림책에 반하고 해석해 주는 것에 뿌듯해했지만 사실 뚜렷이 보이는 것은 없는 시기였기 때문이었다.

'언어' 즉, '말'이라며 우리나라 말 배우듯 눈에 보이지 않아도 아들을 믿어주자며 기다리기만 한 엄마였기 때문이었다. 그런 엄마의 마음에 반짝반짝 영롱한 작은 다이아몬드 반지를 선물 받는 것 같았다. 아마도 그날 아이가 영어 문제들을 쉽게 푼 이유는 이러한 듯하다.

평범한 초등학교 4학년 아이가 1학년 국어 문제를 푸는 시간은 짧을 것이라라 본다. 아마도 나이가 주는 혜택이 있기 때문일 것이다. 즉, 그 나이가 될 때까지 보아온 책과 수업에서 얻어진 어휘력이 적어도 1학년 수준은 능가하기 때문에 쉽다고 느낄 수 있다고 본다.

흘려듣기와 집중듣기 그리고 영어책 읽기를 통해서 어휘력이 높아진 아이로 가정해 보자. 마치 4학년 아이가 1학년 수준의 문제를 보면 쉽게 느껴지는 것처럼 말이다.

어떤 부분에서는 문제집을 풀리고, 단어를 암기하지 않아도 자연스럽게 이뤄지는 것도 분명 존재함을 알게 해 주었다. 처음엔 엄마표 영어가 한없이 느리게만 느껴졌었다. 단어를 암기하고 바로바로 적용하는 아이들에 비해 읽어 내지만 무슨 뜻인지는 모르고 그저 앵무새처럼 읽어 내기만 하니 말이다.

그러나 시간이 지나며 차곡차곡 쌓여가는 그 어휘력이 밖으로 폭발하는 순간은 더 이상 느리지 않다는 것에 확신하게 되었다.

나만 그랬을까? 아들도 같은 마음 아니었을까 싶다. 그래서 아들은 한정된 하루의 시간을 제대로 활용하려고 시계를 사 달라고 한 것 아닌가 싶다.

100일의 목표 설정

아이가 어릴 때는 아주 작은 행동 하나하나에도 나는 칭찬 샤워기를 틀어 흠뻑 적셔 주었다. 그리고 칭찬할 때만큼은 다른 곳을 보지도 않았다. 또한 다른 행동을 하지도 않고 온 힘을 다해서 아이가 느낄 수 있게 칭찬하려 노력했다.

그러다가 아이가 크면 클수록 칭찬의 횟수가 줄어들거나 혹여 칭찬해도 아이가 느낄 만큼 칭찬 에너지를 쏟아붓지 않았던 것 같다. 엄마의 건성에 가까운 칭찬을 아이는 알지 못할 것이란 깜찍한 착각을 하면서 말이다. 언젠가 큰아들이 내게 물었다.

"엄마, 동생은 변기에 똥을 잘 누는 것까지 칭찬하는 데 왜 저는 상장으로 벽을 가득 채워도 칭찬을 많이 해주지 않아요?" 라고 말이다.

그러면서 서운한 얼굴을 하고 상장들이 주르륵 붙여진 벽면을 가리키면서 내게 말하는 것이었다. 작은 빌라 거실의 한 벽면엔 1학년 때부터 독서를 많이 해서 받은 상장부터 그 외 학교에서 받은 상장들이 즐비했다. 아들이 다닌 초등학교는 독서를 권장하는 학교였다. 아들이 입학식 할 때부터 책 읽기를 강조하였고, 모든 아이에게 입학 선물로 책을 줄 정도였다. 그러다 보니 독서를 많이 하는 아이들에게 상장을 많이 주어 독서의 중요성을 느끼게 하는 학교였다. 또 한자 급수를 따면서 받은 상들도 포진해 있었다. 하지만 그중 가장 많이 차지한 것이 엄마표 영어를 하면서 우리에게서 받은 상장이었다.

100일 또는 90일 동안 한글책과 영어책 읽기 목표를 하고 달성하게 되었을 때 우리 부부가 직접 준 상장이었다. 상장을 줄 때마다 쉼 없이 꾸준히 책을 읽는 모습과 그 과정들을 칭찬했었다. 상장을 주는 날은 어김없이 달콤한 케이크를 함께 먹으면서 100일 또는 90일간의 에피소드를 이야기했다.

그런데 아들의 질문을 들었을 때 나는 잘못 들은 것은 아닌가 하는 생각마저 들 정도로 믿기지 않았다. 도무지 이해되지 않았다. 우리 부부만큼 칭찬을 많이 했을까? 매번 그렇게 칭찬을 많이 했는데 저렇게 말하는 이유가 뭘까? 하고 말이다. 짧은 시간 궁금증이 나의 뇌를 스쳤지만, 그 질문은 끊임없이 꼬리표처럼 나를 따라다녔다.

생각해 보니 아들이 하는 모든 행동에 〈익숙함〉이란 마음이 자리 잡으면서 〈감사함〉이란 마음을 밀어내고 마치 안방 주인처럼 익숙함이란 녀석이 자리 잡았기 때문이었다.

아들은 매일 나태함과 놀고 싶은 마음과 싸워가며 엄마표 영어를, 책 읽기를 했을 것이다.

그런데 익숙해진 엄마는 또 하나의 상장으로만 바라보고 의무처럼 칭찬하기 시작했다는 것을 아이가 느꼈던 것 같다. 더 진실한 마음으로, 더 감사한 마음으로 아이에게 칭찬해야 했다는 것을 깨달았을 땐 많이도 미안하고 부끄럽기도 했다.

엄마라서 얼마나 감사한지. 혼자 살았으면 절대 몰랐을 부끄러움을 아이는 내게 줌으로써 나를 또 발전시켜 주었다. 이후는 아이의 목표일 동안 언제나 아이에게 조금 더 집중할 수 있었다. 아이를 지켜보고 아이의 행동을 머릿속에 넣다 보니 상을 주고 대화할 때 조금 더 아이가 느낄 수 있는 말들로 칭찬해주었다.

"아들, 지난번에 너 입원했을 때 그때는 아무것도 안 할 줄 알았는데 영어책 챙겨가는 것 보고 놀랐어. 그러기 쉽지 않았을 텐데 스스로 약속을 지키기 위해 노력하는 네가 엄마 아들이라 자랑스러워."

"아들, 이번 성공은 너에게 어떤 의미를 준 것 같아?"

"아들, 솔직히 이번에는 성공했지만, 마지막에 날짜 며칠 두고 벼락치기로 성공했는데 스스로 어떤 느낌이 들어?"

"100일마다 이렇게 노력해서 상장 하나씩 쌓일 때마다 어떤 기분이 들어?"

"아들! 너의 장점이 뭔 것 같아?" 등 수없이 많은 질문을 쏟아냈다.

성공이 중요한 것도 맞다. 그러나 그 과정이 더 중요하다고 생각하고 바라보니 아들의 모습을 더 세심하게 바라보게 되었다.

내가 하루 중 아이들에게 하는 칭찬을 며칠간 의식하며 체크를 해 본 적이 있었다. 칭찬의 횟수는 사실 10회가 훨씬 넘었다. 그러나 말 그대로 영혼이 없는 칭찬의 말들이 대부분이었다.

엄마인 나는 뭔가를 하고 있으면서 눈이나 제대로 마주치는지도 모를 목소리로 "응, 잘했네!", "와! 그걸 했어? 대단한데!" 같은 건성으로 하는 칭찬투성이였다. 그리고 아이의 눈을 보면서 아이의 마음에 다가가기 위한 칭찬은 고작 한두 번밖에 없었다. 그러니 아들은 칭찬을 듣지만, 자신이 칭찬을 듣는다는 것을 쉽게 잊어버린 것 같았다.

엄마표 영어를 하지 않는다고 해도 잠시 동작을 멈추고 아이만을 바라보는 시간을 가졌으면 좋겠다. 그리고 아이의 말을 잘 듣고, 아이가 원하는 칭찬을 해준다면 아이의 마음을 울리는 칭찬의 횟수는 많지 않아도 된다고 본다. 마음이 담긴 그 칭찬의 힘으로 아이는 자기 자신을 사랑하는 힘을 강하게 키우게 될 거라 믿는다.

두루뭉술한 칭찬이 아닌 직접적이고 구체적인 칭찬 한마디가 주는 힘은 크다고 믿는다. 아마도 100일간의 목표를 설정하고 그 목표를 이루어 나갈 때마다 엄마인 나는 예전에도, 지금도, 그리고 앞으로도 여전히 엄마 숙제가 아닐까 싶다.

그 숙제라는 것이 아이의 마음에 엄마의 마음을 알 수 있게 하는 그런 칭찬 방법을 찾는 연습과 실천을 하는 행복한 숙제 말이다.

영어 말하기 대회 그리고 아들의 첫 영어 테스트

아들의 영어 말하기 대회는 2등만 하는 성적표가 나왔다. 사실 남들이 다 알아주는 전국 단위의 민간 교육기관 영어 말하기 대회나 대한민국 학생 말하기 대회 같은 것이 아닌 교내 말하기 대회였다.

첫 말하기 대회는 초등학교 3학년 때였다. 이제 막 집중듣기를 하며 다시 단계를 낮춰서 내려왔기에 사실 아이가 문장을 쓰거나 하진 못했다. 유아 때부터 공룡을 너무나 좋아했고, 공룡과 관계된 책은 도서관에서 더는 볼 책이 없다고 할 정도로 심취해 있던 아들이었다.

그러다가 다큐멘터리를 보면서 공룡을 찾아 복원하는 고생물학자의 꿈을 꾸기 시작했다. 그런 아들에겐 유명한 수의사 한 분이 영웅이었다. 그러다 보니 첫 영어 3분 말하기 대회는 그 수의사의 제자가 되고 싶다는 내용이 주 포인트였다.

아들이 문장을 작성해 주었지만, 영작은 되지 않기에 아이 아빠가 어설프게나마 영어로 바꿔 주었다. 문제는 발음이었다. 말하기 대회이기에 파닉스를 하지 않은 아들에겐 발음이 문제였다. 그때 아이 아빠가 생각해낸 것이 진해 미 고문단에서 나오는 미국 군인의 발음을 들어보게 하는 것이었다.

아들과 아빠는 희망의 얼굴을 가지고 우리가 이사하기 전 동네로 갔다. 기다리는 내내 나는 둘째를 엎고서 좁은 집을 왔다 갔다 설레며 기다렸다. 두 시간이 훨씬 지난 시점에 아이 아빠에게서 전화가 왔다. 조금 화가 난 목소리와 힘이 빠진 목소리가 교차하면서 그냥 집으로 돌아온다고 말이다.

이유인즉슨 미 고문단 정문에서 미군들이 퇴근해서 나오길 기다리는데 한국 군인이 무슨 일인지 물어보았다고 한다. 이러이러해서 왔다고 하니 안 된다며 딱 잘라서 말하며 돌아가라고 했다는 것이다. 기다렸던 내게도 실망이란 단어가 머릿속을 빙빙 돌고 있는데 아들의 마음은 어땠을까? 생각했다. 그러다가 문득 도와줄 사람이 생각났다.

큰아들이 어린이집에 다녔을 때 몇 년간 같은 반을 한 여자친구의 엄마였다. 그분은 영국에서 오래 살다 왔고 영어를 꽤 잘하셨다는 생각에 전화를 걸어 부탁하니 흔쾌히 들어주셨다. 우리가 만든 3분 말하기 내용을 보고는 영어 말하기에 적합한 문장이라기보다 책에 쓰이는 문법적인 문장이라며 두세 문장은 고쳐 주셨다.

그러면서 자신의 발음이 최선은 아니라며 읽어 주셨고, 그것을 휴대전화에 녹음해 아들은 연습했다. 결과는 2등이었다. 아무래도 조금 더 체계

적이고 전문적으로 다듬어진 문장과 발음을 연습하였을 아이와 견주기엔 1등은 무리였겠지만 우리 가족은 이 또한 너무나 감사해했다.

아들 또한 후회가 없었다고 스스로 뿌듯해했다. 덕분에 그 교내 영어 말하기 대회 이후에는 아들의 엄마표 영어를 대하는 부분은 전보다 더 진지해진 것처럼 보였다.

4학년이 되어서도 말하기 대회를 한 번 더 했지만, 이때에도 2등이었다. 주제가 자기가 좋아하는 것에 관한 내용이었고 3학년 때부터 학교 방과 후 시간에 우쿨렐레를 배우던 아들은 주제를 우쿨렐레에 관한 내용으로 했다.

사실 이때까지도 엄마표 영어를 했지만, 아직 쓰기가 이뤄지지 않은 단계라 자신이 발표할 것을 한국말로 썼다. 그러나 3학년 때와는 다르게 한국말 속에 자신이 아는 영어 단어와 문장들을 적어가면서 만들었다.

또다시 2등이라 아이 아빠가 학교에 전화했다. 왜 2등이냐고 따지기 위함이 아니었다. 그저 이런 대회가 어떤 식으로 이뤄지는지 알지 못하는 부모였기 때문에 혹 다음에 다시 아들이 도전하고 싶다고 하면 어떤 부분을 도와줘야 할지가 궁금해서였다. 다시 나가면 아들이 영작까지 할 것 같았기 때문에 정보도 필요했다.

그런데 영어 말하기 대회를 주관하셨던 선생님께서 우리 아이를 두고 고민이 많으셨다고 했다. 고민하게 된 부분이 아이가 좋아했던 영화 중 인사이드 아웃에서 나왔던 노래를 30초간 불렀는데 그 부분이라고 말씀하셨다.

3분 말하기인데, 2분 30초 동안 말을 하고, 30초 동안 우쿨렐레로 연주

하며 노래를 했기 때문이었다. 3분 동안 말하기만 한 것이 아니었기에 고민하다 2등이 되었다고 하셨다. 그러면서 발음도 전혀 문제가 없었다고 오히려 안타까워해 주시고 위로해 주셨다고 했다.

하지만 내심 마음은 편치 않았다. 학교에서 이루어지는 영어 말하기 대회에서조차 제대로 된 정보를 제공하지 못하는 부족한 엄마의 정보력에 조금은 미안했기 때문이었다.

엄마표 영어의 목적이 말하기 대회에 1등을 위함이 아니었다. 미국 현지 아이같이 키우기 위함도 아니었다. 그럼에도 불구하고 대회에 나가야 하는 것이나 테스트를 받는다는 말에는 한없이 약해지는 평범한 엄마였다.

두근두근 엄마만의 첫 테스트

아이와 엄마가 함께하는 팀이라고 하지만 엄마표 영어가 일상이 된 초등학교 5학년쯤부터는 엄마가 해 줄 수 있는 것은 그다지 많지 않았다. 학교 숙제 외엔 모든 것이 엄마표가 1순위가 된 습관 덕분에 엄마로서 해 줄 수 있는 것은 좋은 책, 재미있을 법한 책을 아이에게 내미는 것 정도였기 때문이었다. 하지만 엄마의 역할이 중간중간 필요할 때도 있었다. 아들은 새로운 환경에 적응을 잘하지 못하는 엄마를 똑 닮았는지 흘려듣기도, 영어책도 단계를 높일 때면 스스로 번지 점프하는 경우가 많지 않았기 때문이었다.

적극적인 듯하면서 그러지 못하는 나를 꼭 닮은 아들에겐 그 번지 점프할 순간만큼은 엄마의 입김이 필요했다.

"아들! 이제 그것보다 이 흘려듣기를 한번 해 보는 건 어떨까? 재미없다고 생각지 말고 딱 일주일만 보자. 그때도 재미없으면 다른 것을 골라보자."

"아들! 이 책이 재미있어 보여서 빌렸어. 혹시 이 책이 재미있으면 시리즈도 사줄게. " 정도였다.

그러던 어느 날 5학년이 되고 나서 8월쯤이었다. 햇살이 너무나 좋은 토요일 오후 마산으로 가족 나들이를 간 적이 있었다. 우리 가족이 좋아하는 화덕 피자집이 있는 곳이라서 가끔 가는 우리 가족의 특별한 맛집 중 하나가 있는 지역이었다.

저녁을 먹기 전 창동 예술촌 골목 이곳저곳을 구경하다가 규모가 꽤 큰 중고서점 앞에서 발을 멈추었다. 서점에 들어설 때 헌책에서 나오는 손때 묻은 책 내음이 어찌나 좋던지 마치 어린 시절 중고서점에서 느꼈던 그 느낌이 다시 느껴졌다. 중고서점을 처음 보는 두 아들은 뭐가 그리 신기한지 이곳저곳을 뛰다시피 다녔다. 모두 구석구석 다니며 자기가 마음에 드는 책들 앞에서 이 책 저 책을 뽑아볼 때 내 눈에 들어온 두 권의 영어책이 보였다. 아들이 좋아하는 원서였다. 작지만 두꺼웠다.

언제나 아들은 내게 하는 말이 있었다.

"엄마는 흘려듣기든 영어책이든 이상하게 재미있는 것을 골라내는데 탁월한 능력이 있는 것 같아요."라고 말이다. 그 말이 사실인지 잘 모르겠지만 그날 내겐 또다시 재미라는 기다란 촉수가 스멀스멀 나왔다.

'이 책이다. 이 책이면 지금 머무는 책에서 한 단계 뛰어넘을 것 같다'라는 생각이었다.

표지가 딱 봐도 남자아이들이 좋아할 법한 마법 카드 같은 느낌이었다. 내용을 살펴보았다. 알 리가 없는 내 눈에도 문장들을 살펴보니 조금씩 눈에 익은 단어가 제법 보였다는 것은 책이 두껍다는 것이지 두께에 비해 쉬운 책이란 느낌이 들었다.

"아들! 엄청나게 재미있는 책 찾은 것 같아. 와서 봐봐." 라고 부르니 마지못해 자신이 있는 곳에서 내 옆으로 왔다. 아들의 표정은 나랑은 완전히 달랐다. 평소 보는 책 두께의 두 배에서 세배쯤 되다 보니 책 내용은 보지 않고 "어려울 것 같아요."라고는 심드렁하게 툭 내뱉고는 가버리는 것이 아닌가. 조금 못마땅했지만 일단 그 책은 무조건 장바구니에 들어갈 1순위인 책으로 선정되고 1시간 남짓 더 머물다 각자 구매하고픈 책을 들고 나왔다.

책은 구매해 왔으나 한 달이 지나도 관심조차 보이지 않으려 하는 아들이 조금 얄미웠다. 몇 번의 권유 끝에 아들은 마지못해 책을 집어 들었다. 그러고는 그 책에 푹 빠져버린 것이다. "엄마, 이거 너무 재미있어요. 이 책 뒤에 보니 시리즈가 있는 것 같은데 모두 다 사 주시면 안 돼요?"라고 말이다. 그날 밤부터 엄마의 손은 컴퓨터 키보드 앞에서 피아노를 치듯 검색해 나갔다.

10여 권쯤 되려나 했는데 보이는 곳마다 조금씩 달랐지만 70~80권이 훨씬 넘는 시리즈였다. 너무 양이 많아 살짝 고민도 했지만, 중고로라도 모두 구매해 주어야겠다고 생각하고 시리즈를 가장 많이 판매하는 분의 글에 구매 버튼을 눌렀다.

책이 박스 가득 왔던 그날은 밥 안 먹어도 배부른 엄마가 되었다. 아들은 그 밥 같은 책을 어찌나 꼭꼭 야무지게 씹어먹는지 이 책을 계기로 아들의 영어 실력이 한 단계 다시 나아가게 되었다.

그러고는 믿음이 생긴 엄마만의 첫 공식 테스트를 초등학교 6학년 11월 1일에 하게 되었다. 사실 아들이 5학년 중반 무렵에는 아들의 영어 수준이 궁금하여 사설 학원 같은 곳에 가서 테스트해보고 싶어 기웃거린 적도 적잖이 있었다.

그때마다 나에게 초심을 잃지 말자며 다독였다. 그 시기 아들은 자기가 원하는 영화는 자막 없이 즐기듯이 보는 수준이었다. 그리고 문학책 등을 넘나들며 보고 싶은 책은 편히 읽는 아이가 되어가기에 특정 테스트의 점수는 중요하지 않다며 애써 마음을 달래고 있었다. 하지만 솔직히 마음 한 구석엔 늘 아들의 영어 수준이 어느 정도인지 궁금한 것은 사실이었다.

그러던 어느 날 큰아들의 테스트와 둘째 아들의 첫 집중듣기를 동시에 하게 된 날이 있었다. 큰아들의 말이 계기가 되어서였다.

아들의 6학년 시기에 나는 밥 먹는 시간도, 잠자는 시간도 거의 없으리만큼 매일 전쟁터 한가운데에서 지원군도 없이 싸우는 어쩌다 워킹맘이 되어 있었다.

초등학교 1학년인 둘째는 꾸준히 흘려듣기를 하고 있었지만. 다음 단계인 집중듣기 시기를 놓고 매일 마음속 갈등을 하고 있을 때였다.

"그래, 어차피 이런 거 야심 차게 새해에 새로운 마음으로 해볼까? 집중듣기 한다고 옆에 앉아 있어 줄 시간이 어딨어." 라고 스스로 괜찮다고 하며 중얼거리는 말에 큰아들이 말했다.

"엄마! 이번에 또 한 달 미루면 아마 새해에도 힘들 거예요. 지금 엄마가 하는 일은 새해가 되면 더 많이 바빠지실 것 같아요."라고 하는 말에 정신이 번쩍 들었다. 그래서 큰아들이 처음 집중듣기를 한 책을 시작으로 둘째도 집중듣기를 했다.

그리고 같은 날 첫째 아들의 엄마만의 테스트를 하게 되었다. 그 테스트는 18학년도 대학 수능 기출문제를 풀게 해 보는 것이었다. 아들에게 이 문제가 어떤 문제인지도 말해주지 않고 말이다.

40점만 넘으면 언제나 널 지지해 주시는 담임선생님께 자랑해도 부끄럽지 않을 거라 말하며 시험을 치르게 했다. 듣기 평가할 땐 얼마나 건방진 자세든지. 엄마의 컴퓨터 책상 의자에 앉아 뱅글뱅글 돌아가면서 대충 듣고 찍는 듯 보였다.

"아들! 그래도 시험이란 건데 좀 집중해서 하면 안 되겠니?" 라고 하니 "너무 쉬워요. 이거 무슨 테스트예요?" 라고 되묻는 것이 아닌가. 테스트 결과 듣기 평가는 모두 다 맞추고 다른 지문까지 해서 70점이 나왔다. 아직 초등학생인 아들은 자신이 어떤 시험을 치른 것인지도 모르고 그저 70점이란 숫자에 실망을 표현했다.

나중에 자신이 푼 문제가 대입 수능 기출문제라고 하니 "엄마, 생각보다 쉬웠어요." 라고 입꼬리가 귀밑까지 한껏 올라간 아들의 표정도 그날은 봐줄 만했다.

사실 엄마표를 하고 나름대로 성공을 거둔 아이들의 글을 보면 점수가 90점 거의 100점에 가까운 점수가 기본인 듯 보였다. 하지만 내겐 너무나 대단한 성적이었다. 문법 빼고, 초등학생이라 접해보지 않은 경제와 관계된, 법과 관계된 내용 등을 제외하고는 모두 맞췄기 때문이었다.

담임선생님께 전화했더니 "100점 나올 줄 알았는데."라고 말씀하시면서 아들을 대견해 하셨다. 누가 보면 공인영어시험에서 만점 받은 것도 아닌데 뭘 그리 요란을 떠나 할 수도 있겠지만 말이다.

영어를 하나도 모르는 엄마가 그저 좋은 방향성 하나만 믿고 아이를 기다려 주고 지지해 준 성적표였기에 어떤 점수보다도 내겐 값어치가 있었기 때문이었다.

나도 엄마라 사실 흔들릴 때도 있었고, 누군가의 도움으로 편해 보고 싶은 날들이 하루 이틀이 아니었다. 그렇다면 아들 또한 그러하지 않았을까? 우린 그저 한 번도 가보지 않은 길에 같은 팀원으로서 서로 믿어주고 끌어주며 한 발 한 발 발맞춰서 나아간 것뿐이었다. 그런 우리에겐 그 의미가 상당히 컸다.

영어 말하기 대회든, 수능 기출문제를 푼 것이든 말이다. 이렇게 엄마표 영어는 꾸준함과 노력의 시간이 쌓이기만 해도 결코 그 시간이 헛되지 않음을 나는 그때도 지금도 믿어 의심치 않는다. 그러니 엄마표 영어라는 문 앞에서 손잡이를 잡고 있는 우리 엄마가 스스로 시간을 주고, 믿음을 주었으면 하고 바랄 뿐이다.

제4장
엄마표 영어
세상 쉽다 쉬워

아들 멋진 게임 아이템 장착 어때?

아들만 둘인 엄마라 공부를 설명할 때 게임에 비유하기도 한다. 아주 어릴 때 오락실에서 오빠들이 늘 하던 게임이 있었다. 비행기가 미사일을 쏘면서 앞으로 나아가는 게임이었던 것 같은데 적을 맞추면 점수가 쌓여가며 미사일의 양과 크기가 달라졌던 게임이었다. 이 게임을 비유하면서 가끔 엄마만의 방법으로 말하곤 했다.

"아들! 엄마가 생각하는 공부는 게임 아이템 같아. 공부하면 대부분 국어, 수학, 영어 이렇게 학교에서 배우는 것을 공부라고 생각하는데 엄마는 다르게 생각해. 젓가락질 배우는 것도 공부고, 실내화를 씻는 법도 공부고, 옷을 개는 것도 공부고, 운동을 하는 것도 공부라고 생각해. 이렇게 사람이 태어나서 배우는 모든 것이 다 공부라고 생각해. 우리 게임으로 생각해 보자. 전쟁을 하는 게임이라면 혼자서 권총 들고 있는 사람이랑 벌컨포 들고 있는 사람이랑 싸우면 누가 이길 것 같아?"

"당연히 벌컨포 들고 있는 사람이 이기죠."

"그래, 아이템이 좋으면 이길 가능성이 크잖아 그것처럼 엄마는 너희들이 좋은 아이템이 많았으면 좋겠어. 아이템 중에는 악기 아이템, 근육 빵빵 아이템, 책 아이템, 요리 아이템 이런 것처럼 아이템은 정말 많은 것 같아. 이 중에서 영어 아이템은 아마도 전쟁터에 나갈 때 장착할 수 있는 무기 중에 센 무기 중 하나가 아닐까 싶어. 아들! 물론 영어 못해도 되고 하기 싫으면 안 해도 돼. 하지만 좋은 아이템을 가지려면 언제나 꾸준히 노력해야 하지 않을까 싶어"라며 가끔 이야기했다.

그럼에도 불구하고 아이들은 몇 번을 말해도 잊어버렸다. 가끔 "엄마 왜 영어 공부해야 돼요?" 라고 질문을 하는 것을 보면 말이다. 그래서 무작정 영어 공부하라고 말하기보다는 동기부여를 주려고 노력했던 것 같다.

아이가 스스로 할 동기부여는 아이 눈높이에 맞게 비전을 적절하게 제시해 주곤 하면서 말이다. 큰아이가 처음 가진 비전은 영어 못하는 엄마에게 영어를 먼저 배워 알려 주는 것이었다.

그래서 가끔 귀엽고 작은 입술로 "엄마, 내가 영어 공부를 많이 해서 엄마께 영어를 꼭 가르쳐 줄게요." 라고 말해줄 때면 엄마의 눈에서는 하트가 쉴 새 없이 나오기도 했다. 그런 날이 오면 어떨까 설렜던 엄마였다.

초등학교 3학년 때 엄마표 경제 교육을 한다며 함께 은행으로 통장 두 개를 개설하러 갔었다. 하나는 바로바로 입출금이 되는 입출식 통장이었고 또 하나는 3년 만기 적금이었다. 그 통장 앞면에 아주 커다랗게 목표를 적어보게 했는데 "유럽 여행 가자."라고 적는 것이었다. 그래서 아들에게

이 통장의 적금 만기일이 3년이 지나고 다시 또 3년을 모으면 갈 수 있을 거라며 응원도 했다. 또 아빠가 바빠서 못 가시더라도 꼭 엄마가 체력을 키울 테니 영어 공부 열심히 해서 우리 셋이서 배낭여행을 가자고도 말했다.

"그땐 영어 못하는 엄마를 위해 엄마랑 동생을 책임져야 해."라며 가고 싶은 나라 여행지에 대해 이야기하며 비전도 키웠다.

또 흘려듣기를 하고 있는 아들을 꼭 안아주면서 "나중에 중학교, 고등학교 시기에 단어를 외우면서 공부하기보다 네가 보고 싶은 영화 한 편 보면 영어 공부가 끝인 날이 올 거야. 너무 멋진 것 같지 않니?" 라며 말해주기도 했다. 그러던 6학년 봄 즈음 스타워즈를 보고 있던 아들이 뭔가 큰 깨달음은 얻은 사람처럼 "엄마! 진짜 엄마 말대로 된 것 같아요. 저 이렇게 단어 하나 외운 적 없이 영화 보면서 영어 공부하고 있잖아요. 엄마는 미래를 보는 신이에요." 라는 것이 아닌가. 그러고는 현재 중3인 아들은 학원에 갔을 그 시간에 혼자 스스로 엄마표를 했던 방법대로 일본어 애니메이션을 보면서 혼자 일본어 공부도 하고 있다.

엄마가 생각했던 그 막연한 꿈이 현실이 된 것이다. 지금 초등학교 4학년인 둘째랑은 또 다른 말로 아이랑 함께 즐겁게 엄마표 영어를 하고 있다.

첫 번째는 우리 집에서 영어 꼴찌 타이틀을 따지 않게 하려고 엄마랑 둘이서 경쟁하듯이 같이 집중듣기를 하고 영어책을 읽고 있다.

두 번째는 맛 칼럼니스트다. 언젠가 비전 보드를 함께 만들며 대화를 한 적이 있는데 먹는 것을 너무나 좋아하는 둘째는 온통 잡지에서 음식만을 주로 오려서 보드를 만드는 것이었다.

이런 아들에게 엄마표 영어를 잘해서 형만큼 되면 세계 곳곳에 있는 맛있는 음식을 모두 다 먹어보러 다닐 수도 있다고 말해주었다.

또 너는 미각이 좋으니 그 음식의 숨겨진 맛들도 찾아내어 글을 쓰면서 돈도 벌 수 있다는 말도 하면서 말이다. 그러면서 사람들이 "아, 이 칼럼니스트가 맛있다고 하면 진짜 맛있는 거야." 라며 유명한 사람이 될 수 있다는 이야기도 해 주었다.

세 번째는 현재 우주에 심취해 있는 아들에게 우주인이 되어 우주로 여행하려면 영어로 대화해야 하니 열심히 해서 우주로 나가보자는 말도 해주곤 한다.

네 번째는 어릴 때부터 둘째의 꿈은 의사 선생님이었다. 로봇을 고치는 의사이기도 하고, 사람을 치료하는 의사라 말할 때도 있지만 말이다.

어쨌든 대부분의 의사 선생님께서 공부하는 책들은 영어로 되어 있으니 영어 공부를 열심히 해야 함도 꿈과 연결해서 말해 주었다.

이처럼 그때그때 엄마표 영어를 하자라고 말하기보다는 왜 해야 하는지, 잘하게 되면 어떤 점이 좋은지를 말해주려 노력했다. 그러려면 아이가 관심 있는 물건을 볼 때나 행동할 때마다 동기부여를 해줘야 하기에 더 세밀하게 아이를 살피게 되기도 했다.

요즘은 식사 시간에 신문을 보거나 책을 본 뒤 미래에 관한 이야기를 나눌 때 아이 아빠랑 나는 이러한 비전도 제시하고 있다. 꼭 대학에 갈 필요가 없다고 말이다. 네가 공부하고 싶으면 그때 가면 된다고. 대신 대학에 간다고 가정했을 때 졸업 때까지 학비만 대충 계산해도 적게는 4천여만 원쯤 된다는 말도 해주었다. 그러면서 세계여행으로 경험을 쌓는 사람들, 유튜브를 하는 사람들, 글을 남겨 책을 내는 사람들의 이야기를 하면서 너도 그 돈으로 그런 경험을 할 수 있다고 말이다. 또 가기 전에 도배나 타일 등 기술을 배워 해외에 나가 돈이 없을 때 벌어가면서 있고 싶을 때까지 원 없이 보고, 듣고, 느끼고 오라는 말도 해주었다.

심지어 그곳에서 공부하고 싶으면 공부도 하고, 사랑하는 사람을 만나면 결혼해도 된다는 말까지도 했다. 엄마 마음에 꼭 그렇게 되길 바라는 것은 아니지만 아들과 이런저런 이야기를 할 때 입가에 미소가 절로 나는 건 어쩔 수 없는 듯하다. 우리 어른들도 목표가 있고 비전이 있으면 힘들어도 참고 견디는 힘이 강하지 않을까? 하물며 아이들은 어떨까?

큰 목표나 두리뭉실한 목표보다는 생활 속에서 아이와 함께 놀면서 그때그때 비전 제시를 해 보는 것은 어떨까 싶다. 예를 들어 게임을 좋아하는 아이라면 게임 속에서 한국 친구와 채팅하는 것이 아닌 전 세계 친구들과 만나서도 소통할 수 있다고 말이다.

이렇게 영어라는 언어가 결코 멀리 있는 것이 아닌 생활 곳곳에서 우리가 사용할 수 있다는 것을 작은 예시 하나하나 말해주면 아이가 스스로 비전을 찾거나 조금씩 물 흐르듯 느껴갈 수 있다고 본다.

아이들에게 마음의 가방을 되도록 아주 큰 것으로 사주면 어떨까?. 그리고 가방 속에 어떤 꿈을, 어떠한 비전을 넣을 수 있는지 엄마가 지켜봐주었으면 좋겠다.

나중에 아이가 자라서 누구의 어느 브랜드 명품 가방이 아닌 우리 아이 이름을 딴 명품 가방 한 개씩 들고 살아갈 수 있도록 말이다.

엄마표 영어가 주는 엄마의 비전

누군가가 나에게 "영어를 왜 잘하고 싶어요? 영어 하면 떠오르는 것이 뭐가 있어요?" 라고 물은 적이 있다.

한참을 생각하다 생각해낸 말이 '동경'이었다. 영어를 잘하는 사람을 보면 부러웠다. 그리고 나는 기가 죽었다. 영어를 잘하는 사람은 얼굴에서 왠지 광채가 나는 것 같았다. 그래서 그러한 사람을 동경했던 것 같다. 또 영어를 잘하는 사람은 왠지 공부도 잘해서 명문대를 나온 듯한 느낌도 들었다.

이제는 동경을 넘어서는 시기가 된 것 같다. 어차피 나는 다시 오지 않을 유년 시절을 다 보냈기 때문이다. 그렇다면 지금 유년 시절을 살아가고 있는 아이들을 생각해야 했다. 그래서 조금 더 현실적으로 이 시대에 영어가 주는 비전, 엄마표 영어가 주는 비전은 무엇일까를 곰곰이 생각해 봐야 했다.

엄마표 영어를 하고 있기에 엄마표 영어에 초점을 맞춘다면 나는 4가지로 말할 수 있을 것 같다.

첫 번째는 아이의 자존감을 키울 수 있다는 것이다.

엄마표 영어는 좋은 습관으로 하루하루가 쌓여서 만들어 내는 기적 같은 것이라고 생각한다.

그렇기에 어려서부터 성공의 경험을 주는 것이다. 엄마표 영어의 완성이란 큰 성공 안에서 100일간의 책 읽기 목표도 있다. 또 매일 이루어지는 그날의 집중듣기와 흘려듣기 등 해내야 하는 일과들도 있다. 이 모든 것이 하나하나 쌓이는 작은 성공들인 것이다. 그 성공 기억이 누적되면서 아이 스스로 성취감이 생기고, 또 책임감도, 자기의 시간을 활용할 줄 아는 사람으로 성장할 수 있다고 본다. 사실 아이들이 어려서 이러한 경험을 하기가 쉽지 않다. 그 어려운 것을 해낸 자기에게 아이 스스로 얼마나 대단하다고 생각할까 상상이 가기 때문이다. 그 자존감으로 세상을 나간 아이는 난관에 봉착했을 때 쓰러질 수 있을진 몰라도 한없이 쓰러져 있지는 않을 거라는 생각을 해본다. 즉 스스로 일어날 힘을 키워주는 것 같다.

두 번째는 엄마와의 짧은 시간 안에 영어가 완성된다는 것이다.

"정말 엄마표 영어가 짧은 시간 안에 완성되나요?" 라고 묻는다면 나는 "예." 라고 답을 할 수 있을 것 같다.

큰아들이 초1에 시작해서 초6에 완성했으니 짧다고 말하는 것이 아니다.

생각해 보면 엄마표 영어가 아니라도 우리 아이들은 학교에 가기 전 영어유치원에 가기도 하고, 학습지로 영어를 접하기도 한다. 늦은 아이라도 학교에서 정규 수업으로 들어오는 초등학교 3학년이 되면 엄마들의 고민이 깊어질 수밖에 없다. 그런 아이가 학원이나 과외를 받으면 대부분이 고등학교 3학년 때까지일 것이다. 이렇게 초등학교 3학년부터 시작한다고 해도 10년간을 영어를 배워가야 한다는 말이다. 그리고 잘하는 선생님을, 잘 가르쳐 준다는 학원으로 업그레이드될 때마다 교육비는 하늘 모르고 올라간다. 그런데 엄마표는 엄마랑 함께 습관 잡는데 2년에서 3년이면 족하다고 생각한다.

설령 4년이 걸린다고 해도 그 이후는 엄마의 입김이 들어갈 나이가 아니기에 잘 잡힌 습관으로 스스로 이뤄나간다. 나는 엄마표 영어를 느린 교육으로 접근했다. 앞서도 말했지만 튼튼하지 않은 아들을 너무 많은 스트레스에 노출하고 싶지 않았기 때문이었다.

그래서 느리게 느리게 천천히 천천히 다가갔는데 오히려 가장 빠른 방법으로 우리가 원하는 지점에 왔기 때문이었다. 결코 느린 공부법이 아니었다는 것이다.

얼마나 엄마로서 큰 비전인가? 아이 인생에 있어 2년, 3년만 눈 딱 감고 엄마표 영어로 육아하고 나면 교육비도 아끼고, 더 나은 영어학원은 어디인지 고민하지 않아도 되는 시스템이니 말이다. 단지 고민이라면 어떤 책이 아이의 단계에 맞을까? 무슨 책을 좋아할까? 고민만 하면 되는 것이다. 아이와 매일의 생활 속에 있으니 2년에서 3년이 엄청나게 길게 느껴질 수도 있다.

하지만 아이의 80세, 100세 인생에서 2년, 3년은 정말이지 짧은 시간이 아닐까 싶다. 언젠가 꿈이들 모임에서 어머님들께 이런 말을 한 적이 있다. 전업주부도 직장맘도 하루가 너무 짧고 힘들다고, 거기에다 엄마표까지 하고 계시니 얼마나 힘드시냐고 말이다.

그러면서 어차피 시작한 엄마표 영어 2년만 제대로 힘써보자고, 그렇게 하고 나면 한숨 돌릴 때가 있을 거라고, 그러니 서로 위로하며 함께 가자고 말이다. 그날은 아마도 내가 조금 힘들고 지친 날이었던 것 같다. 내 마음이 그 말에 오히려 힘이 났으니 말이다. 힘이 든다고 하지 않을 수도 없다. 그렇다면 아이 스스로 할 수 있는 좋은 습관을 빠르게 만들어 독립시킨다면 엄마의 쉼도 더 빠르게 오지 않을까 싶어서이다. 이렇게 말한다고 엄마표 영어가 항상 힘이 드는 것은 아니라고 말하고 싶다. 개인적으로 힘든 날보다 힘들지 않고 아이와 웃으며 장난치는 날이 더 많으니 말이다.

세 번째는 아이가 살아갈 집을 엄마와 함께 짓는 것이다. 함께 땅을 다지고, 뼈대를 세우고, 그리고 하나하나 벽돌을 쌓아가는 추억 말이다.

인테리어를 할 때쯤이면 엄마는 그만 쉬어도 되는 것이다. 아이가 살집이기에 아이가 원하는 대로 꾸미면 될 것이기 때문이다. 이렇게 엄마와 아이에게 엄청난 추억까지 선사하니 얼마나 감사한 시스템인가 하고 생각해 본다.

네 번째는 자기만의 걸음으로 꾸준히 성장할 수 있다는 것이다.

전 세계가 함께 아파하는 코로나19와 같은 외부 환경에서도 안전하게 집에서 매일 영어 공부를 끊김이 없이 할 수 있다는 것이다.

물론 지금 엄마표 영어의 좋은 점으로 힘들게 견디고 계신 분들의 안타까움을 느끼지 않는 것은 아니다. 나도 사회 구성원으로 마음이 많이 아프고 힘내라고 응원해 주고 싶다.

하지만 속 좁은 엄마로서 우리 아이들은 적어도 영어 교육 하나만큼은 외부적인 환경의 영향을 덜 받고 있기에 그저 감사하다고 말하는 것이다.

비전이란 마음이 움직이듯 계속 움직이는 것 같다. 아이의 마음이 자라는 속도만큼 그리고 그릇만큼 말이다. 그 속에서 엄마표 영어가 주는 작은 비전으로 아이의 발걸음을 조금은 가볍게 해 주고 싶은 마음이 드는 것은 어쩔 수 없는 나도 엄마이기 때문 아닐까?

코로나 시대 우리는 이렇게 지내요

내가 최근에 주목해서 보는 것 중 하나는 "칸 아카데미" 같은 교육 시스템이다. 칸 아카데미의 처음은 이러했다. 멀리 떨어져 있어 옆에서 바로 알려 줄 수 없는 사촌 동생을 위해 전화로 과외를 해 주다가 만든 유튜브 영상이 시초였다. 그 취지가 좋아 30여 기업들로부터 후원받아 무료로 웹사이트 서비스를 시작하게 되었다고 한다.

몇 년 전 저녁을 먹으며 아이 아빠에게서 이 이야기들 들었을 땐 "와! 대단하다. 정말 부럽다. 우리나라에도 왔으면 좋겠다." 싶었다.

그러고는 그때 그 수업의 기초인 거꾸로 수업을 살짝 도입해서 우리만의 방법으로 아이를 교육해 왔었다. 그 칸 아카데미가 한국으로 왔고 무료로 사이트가 오픈되어있다.

수학뿐만 아니라 물리, 화학, 컴퓨터 프로그래밍 등 무수히 많은 부분에서 교육 강의가 열려있다. 칸 아카데미가 뭐지 하고 생소한 분들은 어렵게 생각지 말자.

그저 개인 맞춤형 수업을 초등학교부터 고2까지 난이도별로 무료로 동영상과 문제를 지원해 주는 사이트란 것이다. 구글이나 크롬 네이버 창에서 "칸 아카데미 한국"하고 검색하면 쉽게 알 수 있다. 그리고 스마트폰에서 "칸 아카데미 키즈" 앱을 깔면 우리나라 저학년까지 영어 공부를 활용할 수 있는 부분이 무료로 제공되고 있기도 하다.

만약 엄마표 영어로 귀가 조금 열렸다면 자막을 없애고 영상을 시청하면 이 또한 영어 공부와 수학 공부를 동시에 도움을 받을 수 있다고 본다. 또 우리나라로 치면 미국 수능인 SAT도 지원이 된다. SAT 교육을 알게 되었을 때 인터넷에서 잠시 검색해 본 적이 있다.

검색하다 보니 서울 유명 학원가에 가면 100만 원에서 500만 원까지 일주일 또는 한 달 비용이 천차만별이란 말들도 있었다. 워낙에 인터넷에 떠도는 글들이 진실이 아닌 경우도 많지만 말이다.

그런데 이러한 부분까지 지원이 되니 나 같은 서민으로서는 아이가 원하기만 한다면 너무나 감사한 일 아닐까 싶다. 물론 여기엔 〈아이가 원한다면〉이란 전제 조건은 무조건 들어간다.

아직 우리 사회는 대학 졸업장의 가치가 높다. 그 가치가 우리 아이가 성인이 되어 살아갈 20년, 30년 뒤에는 변할 수도 있겠지만 말이다.

현재 우리나라는 저출산과 여러 가지 이유로 대학에서 정원이 미달한다는 뉴스를 심심치 않게 보게 되는 경우가 많아졌다. 이러한 대학들이 살아남기 위해 앞으로 차별화가 되어갈 것이란 생각도 든다. 또 대학도 이젠 비대면으로 학위를 따는 시대가 도래했다. 아니, 이미 그렇게 하고 있다. 대학에 가서 학문을 더 깊게 연구하고 싶은 아이는 대학에 갈 것이다.

그렇지 않은 아이들은 세상 속 다른 대학에서 공부하여 자기만의 무기를 만들어 가는 것이다. 공부하는 방식이 변해 간다는 말이고 대학의 모습이 급격하게 변할 것이라는 생각도 든다.

홈스쿨링 즉, 집에서 초, 중, 고등학교 공부를 하는 추세가 점점 눈에 띄게 생겨나고 있다. 미네르바 스쿨 (Minerva schools)이란 온라인으로 수업하는 대학도 있다. 낭만의 대상이었던 캠퍼스도 없고 직접 앉아서 듣는 강의실도 없다.

하지만 정규대학으로 인정이 되는 시스템으로 대학들이 변해 가는 것이다. 사이버 대학들은 벌써 우리나라에서도 도입이 되어 있다. 하지만 이젠 이름도 잘 모르는 사이버 대학이 아닌 세계적으로 유명한 대학들 또한 등록금의 약 1/3의 비용으로 학위를 딸 수 있는 곳이 많아졌다. 그간 미뤘던 대학들 또한 코로나 이후 수업의 변화가 더 가속화되지 않을까 생각해 봐야 하지 않을까 싶다.

언젠가 검색을 통해 (https://ocw.mit.edu) MIT 공대에서 무료로 제공되는 강의를 내 방에서 들어보았다. 물론 나는 전혀 알아듣지 못하지만 말이다. 놀라웠던 것은 교수님의 모습에서였다. 내가 생각하는 교수의 모습은 깔끔한 정장 차림에 도시적인 느낌이 강했다. 그러나 그때 영상을 보면서 내 눈을 의심했다. 마치 옆집에 사는 아이의 친구 엄마가 잠시 마트에 가기 위해 나온 듯한 편안한 티셔츠 차림의 여자 교수였기 때문이었다. 그런데도 너무나 멋져 보였고 그 강의를 듣고 있는 학생들이 화면을 스쳐

지나가면 너무나 부러웠다. 신세계를 만난 사람처럼 흥분되었다. 우리 아들이 귀가 열릴 때쯤 아이가 관심 있는 부분이 있다면 그런 강의를 한 강의라도 들어보면 생각이 달라지지 않을까 하는 생각도 들었다. 그리고 중학생이 된 큰아들과 얼마 전 그 사이트를 함께 열어 보았다. 하버드대, 스탠퍼드대도 함께 말이다. 아들이 지금 그 영상으로 뭔가를 배우게 해보고 싶다는 욕심에서가 아녔다. 이렇게 세계가 바뀌고 있다고 우물 안 개구리처럼 살면 안 된다고 간접적으로 알려주고 싶었다. 지구 전체가 이젠 하나의 작은 컴퓨터 속에서 이뤄지는 세상이 되고 있다는 것이다.

시험을 치기 위해 암기하는 영어는 이제 한계가 왔다는 의미 같기도 하다. 엄마표 영어의 또 다른 비전이 내 심장을 떨리게 하는 데는 충분했다.

또 TED 같은 곳에서 세계 유명 인사들이 하는 강의를 그의 목소리와 열정을 바로 느끼며 볼 수 있는 것 또한 비전인 것 같다. 그리고 정보와의 싸움에서 대부분 정보를 제공하는 사람들이 영어라는 언어를 사용하는 것은 무시할 수 없는 현실이 아닌가 싶다.

말이 되는 영어, 귀가 열리는 영어, 말 그대로 모국어처럼 사용되는 영어가 된다면 아이들이 어른이 되었을 때 느끼는 한계는 점점 줄어들 것으로 생각한다.

원할 때, 질 높은 교육을 국경을 초월해서 맘껏 누릴 수 있게 해 주는 것이 영어라는 도구인 것이다. 멋진 학벌이 주어지기에 중요한 것도 아니다. 그저 세계에서 가장 많이 통용되는 언어이기 때문이다. 아이가 원하는 것이 있다면 국내외 어디에서라도 정보를 찾아 자기만의 지식으로 공부해 나갈 수 있는 세상이 더 촘촘히 가까이 온 것 같기 때문이다.

물론 이것이 엄마표 영어만이 주는 비전이라고 말하는 것은 아니다. 이제 그만큼 또다시 영어라는 언어가 중요해지는 시대에 내 아이가 적어도 영어라는 벽에 부딪히는 일은 없었으면 하는 바람에서이다.

영어책을 보지 말고 아이의 눈빛을 보세요

아이의 나이를 두 살 아래로 낮춰서 보는 것은 어떨까? 나의 경우를 빗대어 본다면 아이에 대한 기대를 낮추면 칭찬거리가 마구마구 쏟아졌기에 하는 말이다.

아이가 학생이 되고 나니 나 또한 어느 순간 학부모가 되고 말았다. '넌 8살인데, 넌 10살인데 왜 그것도 못 해.' 라고 생각하기 시작했다. 당연히 그 나이면 생활 속이든 학교 공부든 모든 것이 척척 이뤄져야 하는 것 아닌가 하며 생각도 했던 것 같다. 아이마다 발달 속도가 다르다고 생각하며 육아에 매진했었고 외쳤다.

그런데 학생이 되니 화장실 갈 때 마음과 나올 때 마음처럼 어찌 그렇게 바뀌는지 알다가도 모를 심리였다. 어느 날 지인과 통화하면서 첫째와 다른 둘째 아들 이야기를 하다가 임기응변으로 입에서 말이 나왔다. "그래, 그래서 어찌어찌해서 그래서 난 둘째를 두 살 어리다고 생각하고 대해볼까 해."라며 말이다.

그런데 전화를 끊고 나니 정말 그 말이 다시 부모로 바꾸어 줄 수 있을 것 같았다. 두 살만 낮추어도 8살이 6살이 되고, 10살이 8살이 되는 것이다. 아마도 아이를 바라보면서 온종일 칭찬하지 않을까 하는 생각이 들었다. 그래서 엄마의 욕심을 낮춰 보자는 생각이 들었다. 그리고 엄마표 영어가 아니라도 모든 생활에서 조금은 힘을 빼 보는 것은 어떨까 싶은 마음이 생겼다.

"저 욕심 없어요..", "저 마음 내려놓았어요." 라고 말하면서도 가슴 저 깊숙한 곳에 욕심을 숨겨두고 있지 않은가? 생각해 봐야 하지 않을까 싶었다.

엄마표 영어를 할 때도 그러했다. 어차피 엄마가 영어를 모르니 기대치도 높지 않았고, 아이에게 지적할 것도 거의 없었다. 그러니 모든 것이 칭찬거리였다. 흘려듣기를 하는 모습만 봐도, 집중듣기를 하고 그 책을 읽어낼 때마다 얼마나 멋진 아이인지 딱 그 멋진 아이로만 생각하고 예뻐해 주었다.

그리고 공부보다, 영어보다 더 중요한 우리 아이의 궁극적인 목표를 많이 생각했다. 앞서도 말했지만, 공부를 정말 잘하는데 자기만 알고 세상을 모르는 아이, 공부 조금 못하고 영어 조금 못해도 생각이 큰아이 난 두 번째 아이를 원했다.

그래서 한글책을 더 중요하게 생각했고, 읽어 주려고 노력했다. 아이에게 조금 더 도움이 될 만한 방법들을 찾던 중 다행스럽게도 우리가 사는 지역에 하브루타를 교육해 주는 곳이 있었다. 하브루타는 아이의 마음을 알아가는데 정말 좋은 도구로 이용됐다. 그림책이 주는 짧은 글 속에 함축된 메시지는 볼 때마다 달랐고, 볼 때마다 아이와 엄마의 상황에 맞게 재조명되었다. 사실 엄마가 영어 실력이 좋아 영어 그림책을 읽어 줄 수 있었다면 좋았겠다고 생각했던 적도 많았다. 하지만 더 좋은 대안은 언제나 찾는 자에게 있다고 본다.

한글 그림책이지만 영어 그림책 번역본도 많았고, 그 번역본으로 충분히 대화와 토론이 이뤄지니 말이다. 그게 아니라도 함께 대화하면서 아이의 마음을 알아가고 서로 조율도 가능했다.

학교 공부든, 영어 공부든 아이가 어느 부분이 힘들고, 어떤 부분이 즐거운지 알게 되니 말이다. 그렇게 아이의 눈빛을 읽는 연습을 해서 어쩌면 엄마표 영어가 세상에서 제일 쉬운 영어 공부법이라고 우리 부부는 생각하는지도 모르겠다.

물론 가끔은 '오늘은' 하며 아이보다 엄마가 게으름을 피우고 싶은 날도 있었다. 엄마도 이러한데 아이 마음이라고 달랐을까? 하는 생각을 하면 대견한 아이에게 또다시 감사했다.

우리 아이는 설정된 프로그램대로 움직이는 로봇이 아니었다. 그래서 아이마다 다른 속도와 걸음으로 눈빛을 보내려 노력했던 것 같다. 그리고 쉽지 않았지만, 기대를 낮추려 노력을 많이 했다. 왜냐하면 문득문득 올라오는 엄마 마음의 욕심이란 녀석 때문이었다.

그래서 자주 나 자신에게 '너는 학부모니? 부모니?' 하며 질문을 던져

본다. 사실 나란 사람은 관찰력이 정말 부족한 사람이었던 것 같다. 그래서 중요한 시기를 많이 놓치고, 다른 사람의 마음을 이해하는 것을 못해 사람을 많이 잃기도 했던 것 같다.

처음에는 관찰력이 부족한 사람이란 것을 알지 못했었다. 하지만 나의 문제를 알고 나서 나름대로 노력해 보았지만, 수학 공식 하나 외워서 문제를 풀 듯 되는 부분이 아니었다. 특히 부모가 되고 나니 더더욱 아이를 관찰한다는 것이 내겐 힘이 들었다. 그래서 내가 할 수 있는 것은 노력하는 것밖에 없었기 때문에 미련한 이 노력이란 걸 하려 또 노력한다. 왜냐하면 내 아이가 어떤 성향이고, 뭘 좋아하는지는 관찰밖에 없기 때문이었다. 그 관찰 속에서 아이의 마음도 읽을 수 있었고, 아이가 보내는 눈빛의 메시지도 읽을 수 있었기 때문이다. 정답이 없는 것이 어쩌면 쉬울 수도, 세상에서 가장 어려운 일일 수도 있는 것 같다.

그 정답이 없는 아이들을 키우는 우리 부모는 누구 한 사람 빼놓지 않고 다들 위대한 일을 하고 있다고 스스로 자부심을 느꼈으면 좋겠다. 다른 부모와 다른 이와 비교치 말고 말이다.

아이의 속도가 다르듯 부모의 속도도 다를 뿐이다. 결국 우리는 모두 아이의 행복이 종착역이지 않은가 그러니 '속도가 중요한가?'라고 질문하면서 우리만의 속도로 아이를 성장시켰으면 좋겠다.

장기 플랜은 숨 쉴 틈을 줘요

엄마표 영어를 계획하시는 분이 있다면 아이가 언제 시작해서 언제쯤 완성해야지 하는 장기적인 계획을 짜 본 적 있는지 물어보고 싶다. 보통 언제쯤 완성해야지 하는 그 마음속에도 조금은 일찍 완성해야지 하는 마음이 숨겨져 있지는 않은지 궁금하다. 솔직히 내가 그러했기 때문이다. 마음만 있었지 내 아이에게 맞는, 긴 호흡을 가진 계획을 짜보지 못했다.

첫째 때 생각지 못한 것을 둘째 때 계획을 짜보니 마음을 내려놓는 것이 한결 수월해졌다.

그럼에도 불구하고 해가 바뀌는 시점이 되면 마음은 분주해지고 조급해졌다. 아직 무엇을 해야 할지 모르는 엄마일 때도 그랬지만, 엄마표 영어를 하고 있을 때도 그러했다. 조급함을 버리자고, 그냥 언어로 접근하자고, 초등학교 완성 같은 목표도 잡지 말자고 매번 마음을 다잡아도 보았다.

그런데도 이상하게 아이가 학년이 올라갈라치면 매번 불안한 마음이 드는 건 어쩔 수 없었다. 이게 맞는 건지, 잘하고 있는 건지, 하는 의심이 살짝살짝 나의 마음을 점령해 나가니 말이다. 그래서 슬쩍 높은 단계 책을 권해보며 아이의 반응을 살폈던 것 같다. 지금 생각하면 웃고픈 해프닝이지만 그땐 그럴 수밖에 없었다.

실패를 하고 아이와 그 트러블이 있었는데도 불구하고 아이의 학년이 오르면 그 병이 여전히 올라왔으니 말이다. 현명하지 않은 엄마였고, 초보 엄마표 영어를 하는 엄마의 안일함이었다. 그땐 무엇이 더 중요한지 기본이 뭔지 자주 길을 잃는 엄마였다는 생각도 든다.

그 마음을 다잡고 지금 둘째는 기본에 다시 기본을 더더욱 충실히 다져가면서 천천히 한 걸음씩 나아가고 있다. 이제는 불안과 흔들림은 없다. 어떻게 하면 나와 아이가 끝까지 완주함에 있어 스트레스를 덜 받고 할 수 있을까라는 생각뿐이다. 또 어떻게 하면 신나고 재미있게 할 수 있을까? 하는 생각을 더 많이 하는 편이다.

사실 아이의 장기 플랜을 계획한 적은 없었다. 하지만 둘째의 어휘력이 부족했던 것을 처음 알았을 땐 충격이 심했고, 그러다 보니 계획하게 되었다. 나름대로 주위 사람들보다 책을 많이 읽어 준다고 생각했었다. 그리고는 매번 강조했었다. 그런데 나의 아들이 어휘력에 문제가 있다는 것은 인정하고 싶지 않았다.

전적으로 엄마의 잘못이었지만 스스로 변명 같은 이유를 들면서 회피하는 마음을 가지기도 했다. 그리고 나름대로 변명하자면 이러했다.

첫 번째 이유는 큰아이 때는 아이 키보다 많이 읽어 주었던 책들을 이제는 한 권이라도 제대로 읽어 주자로 바뀌면서 읽어 주는 양과 종류가 확 줄어든 이유도 있었다. 그렇다면 한 권이라도 제대로 읽어 줬어야 했는데 그것이 아이에게 맞춘 것이 아닌 엄마 수준에서 '이 정도면 되겠지.' 였던 것이다.

두 번째는 첫째를 신경 쓰느라 둘째는 제대로 신경 쓰지 못했던 부분이었다. 놀이 활동이나 책, 외출 등 모든 면에서 큰아이의 반도 못 해 준 것도 있었다. 둘째를 위해 체험을 나간 적도 제대로 없었으니 말이다.

세 번째는 이건 정말 변명 같지만 40세에 아이를 낳고 보니 건강과 체력이 회복되는 속도가 2G보다 느렸다. 그런데 첫째와 다르게 둘째는 너무나 건강하고 자연 친화적인 아이였다. 2G 엄마가 5G 아들을 쫓아다니는 것은 무리수가 많았다. 또 둘째는 알아주는 고집쟁이였다. 태어나서 잠만 자는 아이를 보면서 태어나서 울기만 했던 첫째와 비교하니 '육아가 세상에서 제일 쉬웠어요.' 였다. 또 이러면 누가 애 낳아 키우는 것이 힘들다고 하겠냐며 10명도 낳아서 키우겠다던 자만심이 아이가 만 2세가 되는 시점 나를 무릎 꿇게 했다. 같은 태교를 했는데 '재는 왜 저래?'로 원망하는 마음도 살짝 있었다. 다시 봐도 머리로는 알겠는데 마음으로 받아들여지지 않았다.

나중에 남편과의 대화에서 우리가 교육법에서 가장 기본이었던 배려, 아이가 원할 때 아이의 눈을 보고 무엇을 원하는지 살폈던 가장 큰 핵심을 잊었던 것도 알았다. 그런 마음으로 아이를 대했다는 것을 안 나를 마주한다는 것은 용서하기 힘든 부분도 있었다. 아이는 기다려 주지 않는다는 것을 알기에 둘째를 위해 어휘력을 키우는 책 읽기도 병행했다. 여러 책 중 가장 와닿았던 책 읽기는 슬로리딩이었다. 재미있는 그림책을 함께 보면서 하브루타로 질문 놀이도 했지만, 엄마만의 책을 선정해서 천천히 아이와 대화하고 어휘력을 확장하는 책 읽기도 병행해야 함을 느꼈다.

어휘력은 정말 중요한 부분이라고 생각한다. 영어를 떠나서도 단연 중요한 부분이지만, 엄마표 영어를 하는 한 사람으로 어휘력은 영어 성공 시기를 앞당기는 열쇠라고 생각하기 때문이다. 그래서 내가 선택한 것은 더 오랜 시간 더 많은 영어 노출보다 한글책을 읽으며 어휘력을 키워주는 것이 우선순위라고 생각했다. 왜냐하면 자막도 없이 듣고 있는 영상이나, 한글이 전혀 없는 영어책을 볼 때 우리말 어휘력이 빛을 발한다고 생각하기 때문이다. 이렇게 아이의 부족한 부분을 알고 나니 엄마표 영어도, 한글책 읽기도 장기 플랜을 짜는 데 무리가 없었고 조급한 마음도 서서히 사라졌다.

언젠가 꿈이들 엄마쌤들께 남기는 글에서 꿈이들 아이 중 선두를 달리는 아이와 늦은 거북파인 둘째를 비교해서 장기 플랜을 계획하여 글을 남긴 적이 있었다. 그때 둘째의 플랜을 이렇게 표현했다.

2학년인 둘째의 영어책 집중듣기는 낮은 단계 즉, 문장이 한 줄에서 두 줄 있는 책 위주였다. 3학년이 되는 둘째는 여전히 낮은 단계 책이었고, 아주 가끔 문장이 3줄~4줄 정도 있는 수준의 그림책을 보여주는 것이었다. 4학년이 되어서는 문장이 3~5줄 정도 되는 책을 본격적으로 보여주면서 조금 더 긴 그림책으로도 집중듣기를 하는 것.

5학년이 되어서는 여전히 4학년 때 보여주는 수준으로 계속 다져 나가기였다.

6학년이 되어서는 리더스북과 챕터북이 주를 이루는 것이었다. 물론 이 시나리오는 첫째 아이의 4학년 초 수준이고 이 수준으로 둘째는 학교를 졸업하는 것이었다. 그러나 나는 전혀 걱정하는 마음이 생기지 않았다.

챕터북이나 리더스북을 겨우 읽고 있을 둘째지만 귀가 열린 방법이기에 단어를 암기하는 방식의 아이들보다는 일상적인 영어 대화는 가능하리라 믿었기 때문이었다.

그리고 중학생이 된 둘째는 1학년엔 제법 20~50페이지가 넘는 챕터북을 재미있게 읽어 갈 것이다. 또 중학교 2학년 늦으면 중학교 3학년엔 형처럼 해리 ○○나 나○○ ○○기 같은 책을 재미있게 읽을 것이란 계획이었다. 과연 이것이 느리다고 할 수 있을까?

형과 비슷한 시기에 시작한 둘째, 아니 어쩌면 흘려듣기는 형이 보는 것을 어깨너머로 함께 들었기에 더 빨리 시작한 둘째였다. 그런데 3년이나 늦게 엄마표 영어 목표에 도달하는 것이었다. 그럼에도 불구하고 결코 느리다는 생각이 들지 않는 것은 나만의 생각일 수도 있겠지만 말이다. 중학교 3학년에 귀가 열리고 말이 되는 또 하나의 언어를 마스터한다는 것은 정말이지 대단한 일이라 생각하기 때문이다. 만약 둘째가 고3이 되어서야 이 모든 과정이 이루어진다고 해도 과연 느린 것인지 묻고 싶다.

이렇게 대놓고 느리게 아주 느리게 아이의 성향에 맞게 가장 느린 플랜을 짜보니 빨리빨리 완성 시키자는 마음이 싹 달아났다.

엄마의 마음에서 조급함이 달아나니 아이와 엄마표 영어를 하는 것이 더 이상 부담이 아니었고 안심이 되기 시작했다. 아이들이 성장하는 속도는 영어를 포함해서 다 다르다.

나이와 어휘력, 영어환경에서 차이가 나겠지만 엄마가 생각하는 완성 단계에서 2년에서 3년 정도 더 긴 플랜을 짜보면 어떨지 말해주고 싶다. 그리고 엄마가 왔다 갔다 하며 보이는 곳에 붙여두면 어떨까.

그렇다면 내 아이가 지금 보고 있는 시기의 책이 결코 느리게 느껴지지 않을 것 같다. 그리고 어쩌면 엄마의 플랜보다 빨리 아주 빨리 완성되는 기쁨을 맛볼 수도 있지 않을까.

정보에 둔감해야 엄마표가 성공한다

우리는 어쩌면 정보가 차고 넘치는 시대에 살면서 정보에 더더욱 목말라하는 것 같다.

왜일까? 왜 불안한 것일까? 생각해 보았다. 정보가 넘쳐서였다. 내 아이를 위해 더 좋은 정보를 찾기 위해 나섰는데 그것이 오히려 내 발목을 잡는 이유 중 하나였다.

그러면 그럴수록 나보다 대단한 엄마들 앞에 주눅이 들었고, 우리 아이보다 대단한 아이들 앞에 질투도 생겼다. 그런 마음으로 아이를 바라보니 더더욱 뒤 쳐지게 둘 수 없는 조급함이 파도처럼 밀려왔던 것 같다. 그 불안하고 조급함으로 또다시 정보의 바다에서 더 큰 정보를 구하기 위해 엄마인 나는 길을 나섰던 것 같다.

처음 엄마표를 알기 전 불안과 알고 난 뒤 불안은 또 다른 듯했다.

알기 전엔 어떤 학습지를 해야 할지, 어느 학원을 보내야 할지 고민이었다. 하지만 엄마표를 알고 여기저기 엄마표라고 말하며 성공 사례담들을 장바구니에 담듯 차곡차곡 담다 보니 더 많이 고민하게 되었던 것 같다.

언젠가 우리 가족들이 몹시 더운 여름날, 산행을 하러 간 적이 있었다. 낮은 산이었지만 오르는 내내 그늘 하나 없는 강한 햇빛 아래에서 무척이나 더웠다.

출발할 때 500ml 딸랑 하나 들고 간 물은 가는 내내 물고기처럼 둘째가 마셔 버려 물조차 없었다. 그렇게 올라가다 작고 한적한 어느 절 앞에서 발길이 멈춰졌다. 그리고 들어가는 입구 쪽에 아주 조금씩 또르르 흐르는 약수터의 물소리에 반가움과 기쁨에 아이 같은 마음이 되어 아들들과 함께 달려갔다. 빨갛고 손잡이가 긴 바가지는 두 개였다. 아들 둘이서 그 바가지를 하나씩 잡고 물을 마시는 동안 나는 맑고 시원해 보이는 물줄기를 보곤 기다리지 못해 두 손을 모아 물을 받았다. 받은 물은 손가락 사이로 다 빠져나가고 없어 내 입으로 들어오는 물은 목도 축일 수 없을 만큼 작았다. 그렇게 세 번 네 번 정도 마실 때쯤 작은아들이 내게 바가지를 넘겨주었다.

아주 작은 바가지였지만 그 바가지에 있는 물을 다 마시기도 전에 갈증은 해소되었다. 물을 받아 마시는 것은 손이 아닌 바가지인데 그 잠시를 기다리지 못해 미련한 행동을 한 것이었다. 물론 손이 시원해서 좋았고, 기다리는 동안 입안으로 들어온 그 물은 특유의 산 흙 내음을 머금어 기분을 좋게는 해 주었지만 딱 거기까지였다. 갈증을 해소해 주진 못했기 때문이었다.

엄마표 영어도 이러한 것 같다. 정보를 찾아다니면 다닐수록 갈증이 더 나는 것 같다. 이것도 해줘야 할 것 같고, 저것도 해줘야 할 것 같고, 이것은 빠진 것 같고, 저것도 내 아이에게 해주지 못한 것 같으니 말이다. 왜냐하면 앞서도 말했듯 엄마표 영어가 같은 듯하면서 깊이 보면 조금씩 다 다른 노하우를 들고 있기 때문이었다.

처음 내 아이에게 맞는다고 생각한 그 엄마표가 맞을 것이다. 내 바가지가 작아 보이고 다른 이의 바가지가 커 보여도 결국 내 바가지 안의 물이 나의 갈증을 해소해 주는 것이다. 조급해서 손으로 받은 그 물은 손가락 사이로 다 빠져나갈 물 들이기에 나의 갈증을 없애주는 것이 아니기 때문이다. 내가 가진 정보도 다 챙기기 힘들 만큼 우린 많이 가졌다. 나만 또 다른 정보에서 소외되지 않을까 하는 생각도 버리면 어떨까 싶다.

앞서도 말했지만, 고집불통일 만큼, 미련하리만큼 꽉 막힌 성격인 나였다. 하지만 '이거다.' 하고 생각이 되는 일에 꾸준함을 보인 것이 아이의 교육에서는 장점 아닌 장점이 되어준 것 같다. 그래서 가장 적합한 엄마표 영어 방법을 찾고는 큰아들이 완성하는 그날까지 더 이상 다른 엄마표 영어에 대해 검색하지 않았던 것 같다.

아무리 귀한 보석도 딱 하나만 내게 있다면 그 보석에 작은 흠집 하나도 내지 않게 소중히 대할 거로 생각한다. 귀하니까 소중하니까 절대 잃어버리지 않게 소중히 할 것이다.

그러나 소중하다고 생각한 보석에 또 다른 화려한 보석들이 선물로 들어오면 더는 나에겐 귀한 보석일 수가 없지 않을까. 그래서 처음 보석을 받았을 때 그 감사한 마음을 잊어버리지 않는가 싶다. 보석과 엄마표 영어는 다르다고 말할 수도 있지만 내겐 그러했다. 넘치는 정보보다는 나와 아이에게 맞는다고 생각한 것에 꾸준히 노력하면 결과가 나올 거라 믿고 싶었다.

엄마가 불안해하면 그 두 배만큼 아이도 불안해한다는 것 또한 떠돌 땐 알지 못했다. 알고 난 정보를 버리기는 정말 힘들었다. 하지만 선택해야 한다면 내 아이가 가장 편한 방법으로 무언가를 습득해야 함이었다. 그래서 버리기 시작했다. 그러니 처음 정보를 찾을 때는 민감해져 보자. 그리고 가장 최선이라 생각하는 정보 하나를 얻고 나면 귀와 눈을 감아 보자고 말하는 것이다.

단, 전제되어야 하는 것은 우리 가정과 아이의 조건에 가장 맞아야 한다는 것이다. 이 책에 소개된 방법 또한 그 여러 사례 중 하나일 뿐이다. 그러니 매의 눈으로 정보를 찾아보자. 혹 혼자가 힘들면 주위에 소개해서 함께 하길 권해보고 싶다. 내 아이만 돋보여야지 하는 예전의 나와 같은 마음이 아니라면 말이다. 함께하면 지칠 때도 그리고 흔들릴 때도 잡아주는 친구가 있다는 것은 정말 좋은 것 같다.

그리고 내가 가진 정보 한 개와 친구가 가진 정보들을 조합해서 가장 최상을 만들어 그 속에서 내 아이의 속도에 맞게 그렇게 함께해보면 어떨까 한다. 물론 각자 아이들마다 속도가 다르니 서로 비교하는 것은 안 되지만 말이다.

나의 비교는 딱 하나다. 내 아이의 어제와 내 아이의 내일이다.

아이에게도 수없이 말 해왔다. 경쟁은 좋은 것이라고 말이다. 절대 나쁜 것이 아니라고 말이다. 단, 그 경쟁이라는 것이 남을 이기기 위해 짓밟는 것이 아닌 나와의 경쟁을 뜻한다고 말이다.

"힘들지만 노력하는 나와, 힘들어서 노력하지 않거나 대충 하는 나랑 경쟁하면 누가 이길까?"

"노력하는 나와 노력하지 않는 나의 과거와 미래는 누가 이기겠니?"

이렇게 아이 자신이 또 다른 자신과 경쟁을 시키는 질문을 하면 아이는 스스로 잘 깨달았다. 그러니 함께한다고 해서 아이들을 경쟁시키는 것이 아닌 각자 아이들 자신과 경쟁시키도록 유도해 보는 것은 어떨까 싶다.

나는 혼자일 때 정말 외롭고 두려웠었다. 하지만 이 책을 보시는 분은 그러하지 않길 바라는 마음이 더 크다.

제5장
엄마표 영어
자주 하는 질문

Q. 꿈이들이 뭐예요

"우리 좋은 이름 하나 정해 볼까요?"

엄마들 모임에서 모임 이름을 함께 정했다.

'달팽이의 꿈', '꿈꾸는 달팽이', '꿈꾸는 엄마와 아이들', '꿈을 이룬 아이들' 등 투표를 통해서 '꿈을 이룬 아이들'을 정하고 줄임말로 〈꿈이들〉이라고 했다.

이 꿈이들 모임은 엄마표 영어를 하는 엄마들의 모임이다. 월 2회의 모임 중 한 번은 엄마들과 함께 모여 엄마표를 하는 동안 힘들었던 이야기를 한다. 그리고 새롭게 알게 된 정보가 있으면 정보도 전달하고 각각의 시기에 맞는 엄마표에 관해 대화를 나누는 시간도 가진다. 또 함께 대화하면서 내 아이만 이런 건 아니구나 하며 마음을 내려놓기도 하고, 칭찬할 일이 있으면 칭찬하는 시간을 가지기도 한다.

두 번째 모임은 아이들의 모임이다. 가끔은 부모님과 함께 모임을 동시에 가지기도 하지만 아이들끼리 모이기도 한다. 오프라인에서 만나기도 하고, 비대면으로 만날 때에도 저마다 해맑게 컴퓨터 속으로 들어왔다.

언젠가 꿈이들 모임에서 비전보드 만들기를 함께 하며 아이들의 비전도 찾아보고, 때론 서로의 버킷리스트도 작성해서 발표해 보기도 했다. 직접 볼 때보다 피부로 느껴짐이 아쉬웠지만, 서로 응원해 주고 발표할 시간이 다가오면 발표하면서 다른 친구들 앞에 서는 연습을 하는 시간도 가져

보았다. 꿈이들 모임의 장점 중 하나는 엄마표 영어를 혼자 하는 것이 아닌 함께 함을 배우는 것 같다. 엄마표 영어가 쉬우려면 너무나 쉽고, 어려우려면 한없이 어려울 수 있기 때문이다. 하지만 아이들도 자기 눈앞에서 함께 발전해 가는 친구, 동생, 오빠를 보면서 응원하는 마음이 있어 언제나 즐거워한다.

이 모임은 사실 처음부터 내가 계획했던 것은 아니었다. 내가 아는 분 중 교육 분야에서 오래 일하신 분이 계셨다. 자녀들도 훌륭히 잘 키우신 분이라 처음 이분을 알았을 때 우리 부부는 많이 배우고 싶었다.

그런 분이 우리 가족에게 많은 관심과 애정을 가지셨다. 특히 하브루타로 대화하고 토론하는 가정의 문화를 보고서 좋아하셨고, 부모표로 아이를 키우고 있는 것에 놀라워하시고 지지해 주셨다. 그분이 어느 날 우리 집을 방문했을 때 아이의 영상을 스마트폰으로 찍어가신 적이 있다. 갑자기 대화 중에 이루어진 거라 아이도 나도 준비 없이 진행되는 녹화에 조금 부끄럽게 응했다. 그 선생님께서는 이렇게 좋은 것은 나눠야 한다고, 혼자보다 함께 해야 한다며 엄마표 영어 모임을 만들어 보라고 권하셨다.

생각지 못한 곳에서 인정받는 것 같아 뿌듯했고 고마웠다. 하지만 내심 자신 없었고 과연 내가 내 아이뿐만 아니라 다른 아이들을 얼마나 좋은 방법으로 이끌 수 있을까 망설여지는 마음이 강한 것도 사실이었다.

사실 나는 겁이 많고 껍질이 단단한 사람이었다. 그래서 결코 세상 밖으로 나오고 싶지도 않았고, 그러고 싶은 이유도 찾지 못한 사람이었다. 그저 내 책상에 놓여있는 컴퓨터 모니터 두 대를 바라보면서도 세상 돌아가는 것을 제법 안다고 스스로 자부하며 살기만 해도 충분했던 사람이었기 때문이다. 어쩌면 가장 두려운 것은 사람들 속에서의 상처받기 싫은 부분이었던 것 같다. 그래서 내가 설정한 범위 안에서만 편안함을 느끼고 사는 그냥 평범한 아내이자 엄마로 살고 싶었나 보다. 생각해 보면 어릴 때도 내게 주어진 일은 성실히 하였지만 어떤 일을 창의적으로 만들거나 주도했든 적은 없었던 것 같다. 이런 나였기에 나의 현실에 최선을 다하고 자녀 교육 또한 그 일환이었을 뿐이었다.

그러니 자녀 교육법에 대해 이것저것 배워도 언제나 내 아이가 먼저였고, 그다음이 친한 지인들에게 아주 가끔 이러한 것이 있다고 말하는 정도였으니 말이다. 그런 내가 그 선생님의 말씀에 힘입어 세상 밖으로 나왔다. 그리고 부족하지만 최선을 다하며 꿈이들을 이끌 즈음 내게 도움 요청이 왔다.

선생님께서 운영하는 모임 중 하나였던 엄마표 영어 모임에 재능기부 요청이었다. 그래서 약 한 달 반 정도 매주 줌으로 연결해 내가 아는 엄마표에 대해 전달해 주는 시간을 가졌다.

나와 함께 하면서 그분들의 자녀 중 책 읽기가 되는 아이도 있었고, 또 어느 분은 엄마표 영어가 안갯속에 있는 것 같았는데 나를 만나고 안개가 걷히는 느낌을 받으셨다고 하셨다.

그래서였을까? 나는 조금씩 자신감이란 게 생기기 시작했다.

아마도 그때 내가 느낀 것은 이러했던 것 같다. '내가 많은 아이를 지도한 경험은 없지만 그래도 엄마표를 앞서 해 본 선배 엄마로서 방향성을 제시해 줄 수는 있겠구나.' 하는 마음이었다. 그리고 '빠른 첫째와 판이한 둘째 아들의 엄마표 영어를 진행하면서 느낀 부분을 다른 엄마들께 도움

줄 수 있겠구나'하는 생각도 들었다.

지금은 꿈이들 모임을 이끌어가며 함께 하는 엄마들께 많은 부분을 배우고 있다. 아이를 바라보는 시선도 다시 배우고, 참고 인내함도 배운다. 또 직장맘이라 힘겨움에도 불구하고 아이를 위해 조금 더 힘을 내어보려 노력하는 모습을 보면서 엄마란 이름의 강인함도 배운다.

늘 이분들 앞에서는 강한 척하지만 사실 가장 많이 배우고 고개 숙일 수밖에 없는 사람이 나란 사람임을 매번 느끼는 중이라 지금은 이분들과 함께함을 오히려 내가 감사해한다.

우리 아이들의 마음과 몸은 부모들의 마음 시간과는 다르게 기다려 주지 않고 성장하고 있는 것 같다. 그래서 고민하고 주저하는 시간을 아껴 '어떻게 하면 좋은 추억 하나라도 더 만들어 줄 수 있을까?' 또는 '어떻게 하면 꾸준함으로 무장한 좋은 습관 하나를 선물해 줄 수 있을까?' 하는 마음으로 아이와 함께하고 있다.

Q. 엄마표 영어는 엄마가 영어책을 읽어 줘야 하나요?

질문에 답을 하라고 한다면 "아니요"라고 자신 있게 말할 수 있다. 아마 이 대답을 들으면 많은 엄마표 영어를 하시는 분 중에 '헉'하고 놀라시는 분도 계실 것이다.

그런데 아이러니하게도 큰아들이 우리만의 목표치까지 올 때까지 단한 권을 처음부터 끝까지 읽어 준 적이 없다.

앞서도 말했지만, 영어를 못하는 것도 있었지만 나중에는 전략적으로 한 것도 있었다. 처음 큰아들과 함께 집중듣기를 할 때 나도 결심했었다. '이번 기회에 함께 영어 공부를 해서 완성해야지 나도 이 정도는 할 수 있겠네.'라고 말이다. 그런데 집중듣기를 함께 하면서 나의 꿈은 포기하는 쪽으로 가닥을 잡아갔다.

영어를 못함에도 집중듣기를 할 때 단어 뜻을 모르니 가슴에 뭔가 돌멩이를 얹어 둔 것처럼 답답증을 느꼈다. 아이는 아무런 반응 없이 한 자 한 자 짚어 나가는데 나는 막힌 단어에서 더 이상 다른 단어들이 보이지 않았다. 사전을 찾거나 검색해 보고 싶은 욕구를 참을 수가 없었다. 나의 뇌는 벌써 단어를 그저 받아들이기보다 뜻과 해석, 발음기호까지 봐야 완성되게 설정돼 버린 것이다. 학창 시절에 배운 영어 교육 덕분인지 어쨌든 나는 그러했기에 한 발짝도 나아가지 못했다.

이번 생에 영어는 틀렸나보다 생각하며 많이도 실망했었다. 그러다 보행기에 앉아서 꼬물꼬물 왔다 갔다 하는 둘째가 보였다.

'그래, 둘째도 있지. 그때까지 내 머릿속에 몇 개 없는 단어들 다 지워야겠다. 그러면 둘째와 함께 하면서 다시 하면 되겠네.'라고 말이다. 그리고는 둘째가 엄마표 영어 중 집중듣기를 시작 한 날까지 팝송 한 곡조차 듣는 것을 웬만하면 피했다.

큰아들이 초등학교 입학하는 날 라디오에 노래를 신청한 적이 있었다. 한 지역 라디오 방송에 아이가 스스로 신청한 것이었다.

그날 첫 신청곡은 올드 팝송이었다. 그때 라디오 진행자님께서 초등학교 1학년 되는 아이가 이런 노래를 신청하냐며 웃으셨던 기억이 난다. 그 후 우리의 사연을 들을 때면 우리 집 가족사를 다 아시는 듯이 말씀해 주시곤 했다. 그렇게 아이가 외울 만큼 자주 들었던 모든 영어와 관련된 노래는 철저하게 듣지도 부르지도 않으려고 노력했다.

어차피 처음부터 영어 실력이 거의 없는 나였다. 또 몇 년을 영어와 담을 쌓고 나니 내 머릿속은 정말이지 백지처럼 하얗게 되어가기 시작했다. 어느 순간 따라 부를 수 있는 노래도 없어지고, 읽을 수 있는 영어는 더더욱 없어져 버렸다.

시간이 지나 둘째와 첫 집중듣기를 할 때는 답답한 마음이 전혀 없이 진행도 가능했다. 사실 이렇게 말은 하지만 영어를 잘하는 엄마가 부러운 건 사실이다. 솔직히 아이의 잠자리에서 한글책도 읽어주고, 영어 그림책도 읽어 주고 싶었다. 더 나아가 특정 시간 때에는 영어로만 대화하는 가정문화를 만들 수 있으면 얼마나 좋을까? 하는 생각도 자주 했다.

그런데 나의 영어 실력은 그렇게 해 줄 수 없음을 알았기에 답답증을 느낀 사람이었다. 생각해 보면 영어가 주는 환경은 저마다 다를 것이다. 나처럼 영어를 전혀 몰라서 읽어 주지 못하는 엄마도 있을 것이다.

또 어떤 부모님은 영어가 유창해도 도무지 엄마표 영어를 할 시간을 내지 못하는 분도 있을 것이다. 또는 엄마표 영어를 하고 싶지만 두렵고, 엄두가 안 난다며 못하겠다고 하는 부모님도 계실 것이다. 단지 나는 그저 환경을 바꾸기 위해 아주 조금의 용기를 낸 사람일 뿐이라고 말하고 싶다.

엄마표 영어를 하고 나서는 나보다 앞서 엄마표를 진행해온 선배에게 진심으로 존경하는 마음이 어느 순간 저절로 생겼다. 그들이 이뤄낸 시간에, 노력에, 땀에 말이다. 그러고는 영어를 못하는 나를 존중하기 시작했다. 있는 모습 그대로의 나에게 말이다. 그리고 앞으로 아이와 함께해 나갈 나의 땀과 시간과 노력에도 존중해 주기로 했다.

내가 나를 존중해 주니 엄마가 영어를 못해도 기죽을 필요가 없다는 생각이 들었다. 혹여 나와 같이 영어를 못하는 엄마가 있다면 이렇게 생각해 보면 어떨까 싶다.

지금 내 아이는 나보다 영어 잘하는 비서 한 명을 두게 해 준다고 말이다. 이 비서는 얼마나 신통한지 원하는 사람, 원하는 모습으로, 그리고 원하는 지역으로 데려다줄 수 있는 그런 마술을 부린다. 비서는 CD라는, DVD라는 모습으로, 때로는 한 손에 쏙 들어오는 작은 휴대폰 속에서 다양한 목소리와 다양한 얼굴을 한 사람들을 내 아이에게 데려다 놓는다. 그러고는 시대와 공간을 초월한 세상 이야기를 들려준다.

엄마가 바쁘니 이 지니가 대신해 준다고 생각하면 될 것 같다. 그러니 엄마는 이 비서들과 대화할 수 있도록 좋은 영어 환경을 만들어 주기만 하면 되는 것이다. 비서와 함께 오독오독 씹어 먹을 수 있는 맛있는 과자와 음료만 있어도 되니 말이다. 그러니 엄마가 영어를 못함에 기죽지 말고 어떻게 하면 영어 환경을 제대로 만들어 줄 수 있을지만 고민해 보자.

이렇게 엄마가 영어를 못해도 내 아이가 영어를 완성할 수 있는 것이 이 엄마표가 가진 요술램프라 지금은 확신한다.

Q. 언어 영재만이 엄마표를 할 수 있을까요?

영재의 기준이 무엇일까? 하는 생각을 많이 했다. 그러면서 가끔 언어 영재라 말하며 몇 개 국어를 해내는 아이들을 보게 되면 내심 부럽기도 했다.

외국어를 못해 언제나 부러워하는 내게 신이 특별한 능력을 줄 테니 무엇을 가지고 싶냐고 말한다면 아마도 외국어 능력을 달라고 했을 것 같다. 딱 한 번만 들어도 다 배울 수 있는 그런 능력이라 외계인 언어까지 습득하고 싶다는 말 안 되는 상상 또한 가끔 할 정도이니 말이다.

하지만 언어, 즉 말을 배우는데 왜 영재라고 표현하지? 하는 의문을 가진 것도 사실이었다. 아이큐가 나쁜 사람은 말을 배우지 못하는 것인가? 하고 묻고도 싶었다.

〈말〉은 영재라서 잘하는 것이 아니고 얼마나 다양한 언어에 꾸준히 노출됐느냐? 가 좌우하는 것이 아닐까? 하는 생각을 했기 때문이다. 만약 나의 아버지께서 외교관이셨고, 나를 영어권의 나라에서 살게 했다면 나는 이중언어가 가능했을 것이다. 또 발령이 나서 중국에 가서 산다면 나는 또 중국어로 말할 수 있지 않았을까 싶다.

어쩌면 다른 나라에서 너무 오래 살아 오히려 한국어를 잘하지 못할 수도 있을 것이다. 그랬다면 '전 영어를 못하는 엄마에요.' 라는 말이 필요 없었을 것이다. 그래서 〈말〉은 그 환경이 주어진 사람과 주어지지 않은 사람만 있었던 건 아닐까 하고 스스로 생각하기도 한다.

엄마표 영어는 순종적인 아이가 부모님이 해주는 대로 순순히 했기 때문에 성공한다는 의견도 있다.

나는 적당히 순종적인 아들과 지극히 반항적이고 자기중심적인 아들 둘을 키운다. 그럼에도 불구하고 엄마표 영어를 의심해 본 적이 없다. 단지 완성해 나가는 시간의 차이만 조금 느낄 뿐이다. 두 경우를 다 생각해 보면 언어적인 부분이 탁월한 아이가 분명히 있다고 본다.

그 아이는 엄마표 영어 환경을 주면 조금은 더 쉽게 아이도 엄마도 함께 하리라는 것이다. 반대로 언어적인 부분이 조금 느리게 발달해 가는 아이는 엄마도 아이도 노력을 조금 더 해야 하는 부분은 있다고 생각한다. 그렇다고 그 아이가 엄마표로 영어를 할 수 없다고 생각하지는 않는다. 왜냐면 이 엄마표 영어는 앞서도 언급했듯이 모국어를 배우는 과정 그대로이기 때문에 시간의 차이만 있을 뿐이라고 말하고 싶기 때문이다.

나는 단지 영어를 학교에서 배우는 교과목이라는 생각을 먼저 버렸다. 왜냐하면 교과목이 되는 순간 온갖 기술과 방법을 동원해 아이가 해내야 하는 숙제가 될 것 같았기 때문이었다.

'파닉스는 언제 해야 할까요?'

'영어를 배우는데 왜 파닉스를 하지 않나요?'

'쓰기를 안 하는데 어떻게 영어가 되나요?'

'화상 영어로 외국인과 대화를 하면 더 빨리 영어가 완성되지 않을까요?'

'레벨 테스트를 하지 않으면 아이의 영어 수준을 어떻게 알 수 있나요?'

이런 질문들을 직접 받아도 보고 다른 이의 질문을 통해 보기도 했다.

학교와 학원에서 이뤄지는 공부 방식이니 도저히 엄마표 영어를 처음 대하거나 몰랐던 부모님은 이해가 되지 않는 부분도 있을 거로 생각한다. 우린 그렇게 배우고 익혔으니 말이다.

생각해 보면 그렇게 배우면서도 영포자가 되는 경우도 많고, 많은 비용을 투자한 것에 비해 너무나 초라한 영어성적을 갖추지 않았나 싶기도 하다. 그러니 엄마표 영어를 시험 잘 치기 위한 교과목으로 받아들이지 않았으면 좋겠다. 우리가 한국말을 숙제처럼 배우지 않은 것처럼 부모도 아이도 영어를 대하는 태도만 바뀌면 되는 부분이다.

아이들을 키우다 보면 분명 한배 속에서 태어났는데도 너무나 다른 기질과 성향을 보이고 있다. 어떤 아이는 가르쳐 주지 않았는데도 혼자 한글을 터득하는 아이도 있다. 또 어떤 아이는 열 개를 가르쳐 주면 어찌 그리 한 개, 두 개도 기억을 못 하는지 엄마의 복장을 터트리는 아이들도 있다. 그렇다고 그 아이가 모국어를 결코 배울 수 없어 우리 애는 안될 것 같다고 선을 긋느냐고 묻는다면 말도 안 된다며 다들 말할 것이다.

이처럼 조금 느린 아이는 잘하는 아이에 비해 받아쓰기도 조금 더 하고, 책도 조금 더 꼼꼼히 읽어야 하는 수고로움은 있을지라도 결국 자신의 나라 언어를 하게 되어있다.

엄마의 조바심을 버리고 내 아이에게 맞게 기다려 준다면 충분히 엄마표 영어도 가능하다고 나는 말하고 싶다. 이 글을 보시는 분은 당장 내 자녀의 얼굴을 한번 보면 어떨까?

세상에나! 한국말을 이처럼 유창하게 하는 언어 영재를 옆에 두고 있지는 않은지 둘러보면 알 것으로 생각한다. 그리고 그 아이가 '어떻게 한국말을 배웠었지.' 하고 기억을 더듬어 보면 엄마표 영어의 배움 순서가 이해되리란 생각이 든다.

그러니 우리들의 아이는 각 가정에 맞는 엄마표 환경을 만들어 주기만 해도 반은 성공했다고 본다.

Q. 쓰고 외우지 않았는데 어떻게 단어를 알 수 있을까요?

엄마표 영어를 처음 시도했을 때 가장 궁금한 부분 중 하나였다. 따로 적어가며 쓰거나 암기장을 만들어 단어를 외우지 않았는데 아이가 단어를 알아보고 쓰는 부분이었다. 그 궁금증이 풀리는 날은 집중듣기를 아들과 함께한 지 한 달 반이 지난 시점에 마치 나만의 판도라의 상자가 열린 듯 알게 된 것이었다.

큰아들이 처음 집중듣기를 했던 그 책으로 둘째 아들 역시 같은 책으로 4일간 집중듣기를 했다. 그리고 또 다른 책을 이어서 했었다. 그렇게 한 권씩 집중듣기를 하고 읽을 수 있는 책들은 읽는 책으로 빼 나가며 엄마표 영어를 순조롭게 해나가던 어느 날이었다.

아이 아빠가 없어 그날은 직접 운전해서 겨우내 먹을 김장을 하러 시골에 가고 있을 때였다. 도착 후에 해야 하는 일이 많을 듯하여 아무래도 엄마표 영어를 봐줄 수 없을 것 같았다. 집을 나서기 전 아이는 먼저 집중듣기를 해 놓고 출발했다. 그리고 차를 타고 가는 길에 흘려듣기를 하자고 제안했다. 집중듣기 했던 책의 음원을 가지고 흘려듣기를 하며 가자고 말이다. 그렇게 아이와 나는 차량용 CD기에 CD 하나를 넣고 들으며 흘려듣기를 하고 있었다. 그런데 운전대를 잡은 내 눈을 의심하는 상황이 생겼다. 운전하는 시야에 책 속 그림과 글씨가 선명하게 보이는 것이었다. 아주 짧은 단어는 그 단어가 모두 보였고 조금 긴 단어는 전체적인 이미지와 첫 몇 개의 스펠링과 뒤쪽 스펠링이 조금씩 보이는 것이었다. 이것을 느끼고는 큰아들에게 외치듯 말했다.

"아들! 엄마가 옛날부터 단어를 쓰지도 않고 외우지도 않는데 어찌 그걸 쓰냐고 자주 물었던 것 기억나니? 엄마 이제 알 것 같아 이 집중듣기의 장점을, 그리고 엄마 뇌가 변해 가는 것이 느낌이 와." 하며 지금 눈 앞에 펼쳐지고 있는 상황들을 설명해 나갔다. 그러면서 또 다른 CD를 신호를 받고 기다리는 동안 교체했는데 그것 또한 마찬가지였다. 둘째에게도 물어보았다.

"둘째야! 혹시 너도 CD에서 말하는 글자들이 엄마가 말하는 것처럼 눈에 보이니?"

그러니 둘째가 "네. 그림은 자세하게 보이고 글자는 모두 다 보이지 않지만 대충 어떻게 생겼는지 보여요"라고 하는 것이었다. 이것이 비단 나와 내 아이만 그러한가 하는 생각에 꿈이들을 함께 한 아이에게도 물어보니 비슷한 경험을 하고 있었다.

나는 이 부분에 대해 생각해 보았다. 아이들이 엄마표 영어를 할 땐 이런저런 의심 없이 하기에 알 수 없었지만, 나는 엄마이고 궁금증을 가진 사람이기에 알게 된 것일 수도 있다고. 그리고 내가 영어를 머릿속에서 다 비워 아이들과 똑같은 느낌으로 받아들였기에 그 느낌을 알 수 있는 것으로 생각했다.

나는 언어학자도 아니고, 내세울 만한 이론을 가진 사람은 아니다. 하지만 어떤 것은 경험을 통해 아는 것이 있을 수도 있는 것 아닌가 하는 생각도 들었다. 내 경우가 그러했다. 과학적이진 않지만, 본능적으로 아는 그 느낌말이다. 엄마표 영어를 하는 아이들은 같은 책을 여러 번 반복해서 집중듣기를 한다. 그러면서 그 단어 하나하나를 눈에 사진을 찍듯이 찍어가며 통째로 뇌에 저장해 나가는 것이다. 한글을 배우는 방법 중에도 통문장, 또는 단어 자체로 배우는 방법이 있는데 그와 유사한 느낌이었다.

설령 이 생각이 엄마표 영어를 해오신 선배님들이나 학자적인 관점에서 맞지 않는다고 해도 나는 그렇게 믿고 싶다. 그리고 그렇게 나는 단어들을 지금 알아가는 중이기 때문이다.

내 눈에, 아이 눈에 사진처럼 익혀진 단어들이 그렇게 하루하루 쌓여서 어느 순간 밖으로 내뱉을 수 있는 아웃풋 시기가 올 것이다. 그때쯤엔 폭발적으로 말로도, 글로도 통장에 차곡차곡 쌓인 비상금처럼 꺼내어 사용할 수 있지 않을까 싶다. 낮은 단계에서 책을 다지고 다지면서 보다 보면 이 책에 등장한 단어가 다른 책에서 등장하는 경우는 많다. 우리 한글책도 그러하지 않은가?

이 책에 있는 '사과'란 단어가 다른 책에 수십 회 이상 등장하니 말이다. 그렇게 각각의 책 속에서 알게 된 단어들이 쌓이면서 아이는 굳이 단어를 힘들게 쓰면서 외우지 않아도 알게 되니 얼마나 편리한 방법인가 하는 생각도 해본다. 물론 영어를 완성해 가는 마무리 단계에서 조금은 더 복잡하고 어려운 단어들은 스펠링을 맞춰나가는 작업을 해 주는 것도 아이에 따라 필요할 수도 있다.

나는 엄마표 영어를 마치 집 짓기 같다고 생각한다. 집을 짓기 위해 최선을 다해 바닥을 다지고, 다져진 땅에 벽돌로 튼튼히 벽과 기둥을 세우는 작업을 나는 오래 했으면 좋겠다. 빨리 집을 지으면 그만큼 빨리 들어가서 살 수 있으니 좋겠지만 대신 불안하지 않을까?

부실한 집은 작은 충격에도 가장 먼저 무너질 수 있으니 말이다. 그러니 다지고 다지는 시기인 처음 2년 아니면 3년은 아이의 미래에 불안함 없이 편안함과 안락함을 갖춘 집에서 살 수 있게 엄마가 기다려 주어야 한다고 생각한다.

처음 엄마표 영어를 알았을 때는 3년, 4년 이렇게 빨리 완성 시키고픈 욕심도 있었다. 하지만 진행하면서 가장 먼저 버린 마음은 짧은 시간 안의 완성이었다. 우리말을 다 배우는 대도 시간은 매우 필요한데 다른 나라 언어를 배우는 것에 시간의 인색함을 줘선 안 되겠다는 생각이 문득 들었기 때문이다. 첫째 아들 때에도 그리고 둘째 아들 또한 그 마음은 변함이 없다.

즐겁게 힘들이지 않게 하자고 해도 변수가 많은 것이 아이들의 하루하루가 아닌가. 그 변수에서 엄마표 영어만이라도 융통성을 부리며 부담 없이 진행해 나가고 싶은 마음이 더 커졌기 때문이다.

마치 복리로 이자가 쌓이듯, 이렇게 매일의 시간이 쌓이는 것만으로도 아이들은 힘들이지 않고 영어로 말하고, 듣고, 쓰게 되는 것 아닐까?

Q. 흘려듣기가 뭐예요?

내가 생각하는 흘려듣기는 귀가 열리는 시간이라고 생각한다. 매일 1시간 자막 없이 (한글, 영어 자막 포함) 아이가 좋아하는 영상을 보는 것이다.

핀란드 어린이는 영어를 모국어 수준으로 한다고 한다. 많은 이유가 있겠지만 그중의 하나가 TV 방송 때문이란 말도 있다. "아니, 우리도 TV에 미국 애니메이션 방송하잖아요." 라고 말을 할 수 있겠지만 조금 다른 점은 이러하다. 핀란드는 영어권 방송을 방영할 때 수입한 그대로 거의 모든 프로그램을 방송한다는 부분이다. 어린이 방송에 지원되는 금액이 적어서 그렇다는 말도 있지만, 어쨌든 그런 이유인지, 정부 차원에서 아이들의 교육을 위한 것인지는 모르겠지만 말이다.

생각해 보면 우리나라 아이들과 핀란드 아이들 모두 태어나서 기어 다닐 때쯤이면 TV 시청을 자유롭게 하게 된다. 우리는 한국말로, 핀란드 아기들은 영어로 된 프로그램을 시청한다는 의미이다. 그렇게 매일 노출이 된다고 가정해 보자. 두 나라 어린이가 학교에 가서 영어를 배우기 시작할 때 즈음 어느 나라 아이가 영어라는 것에 익숙하냐고 질문하면 쉽게 답이 나오지 않을까 싶다. 말 그대로 핀란드 아이들은 태어나 얼마 지나지 않아 흘려듣기를 자연스럽게 하고 있다는 것이다. 그런데 우리나라는 친절하게도 목소리 좋은 성우가 더빙해서 들려주는 것 이것이 가장 큰 차이점이자 영어를 완성하는데 엄청나게 다른 점이 되는 셈이다.

나는 고등학교 졸업 후 바로 대학에 가지 못하고 직장 생활을 3년간 했다. 지금 생각해 보면 그때 나는 우리 아이들과는 조금 다른 방법의 흘려듣기를 한 듯도 하다. 그 시절 기억이 맞는다면 새벽 6시였던 것 같다. 팝송을 다루는 한 라디오 프로그램을 거의 매일 들은 적이 있다. 듣다가 출근 시간이 가까워지면 화장하면서도 끝까지 듣고 출근하려 했었다. 책도 없이 거의 3년을 들은 것이었다.

대학에 가려고 했을 때 8개월 정도의 시간 안에 고등학교 3년 과정의 교과목을 준비해야 했던 나는 수학과 영어는 망설임 없이 버려야 하는 과목이었다. 그런데 버리고 싶어도 버려지지 않는 것이 영어 듣기 평가였다. 솔직히 무슨 말을 하는지 잘 모르겠지만 지문을 보고 소위 찍기를 하면 답이 거의 다 맞았던 것이었다. 생생한 기억 중 하나는 여성의 목소리로 읽어주면서 그녀의 기분을 묻는 문제였다. 무슨 말인지 확실하진 않았지만, 지문 속 그녀가 외로웠을 거란 생각이 들었고 〈loneliness〉라고 적힌 부분을 체크했던 기억이 난다. 이 단어를 쓰거나 외운 적은 전혀 없었지만, 어느 팝송에 등장했던 것 같다. 이렇게 그저 좋아서 들었던 영어 팝송이 지금 생각하면 그나마 내 귀를 열리게 한 흘려듣기 영어 공부였던 것 같다.

큰아이 때와 그리고 둘째 아들의 경험을 포함하여 내가 자주 들었던 흘려듣기 질문에 대한 내 생각을 말한다면 이러하다.

Q. 흘려듣기는 어디에서 할 수 있나요?

우리 집은 케이블 방송 중 하나를 신청해서 보고 있다. 의외로 TV에서 VOD 다시 보기에 아이들의 프로그램 대부분이 흘려듣기용으로 있다. 그리고 리모컨 조정으로 자막 기능도 없앨 수 있어 편리하게 보여줄 프로그램도 많다. 케이블 방송사가 해마다 조금씩 다르게 편성하니 이 또한 꼼꼼하게 알아보면 좋을 듯싶다.

또 잘 보고 있던 영상이 어느 날 개편이 되어 없어지거나 새로운 것이 등장할 때도 많으므로 특히 저학년일 때에는 한 번씩 아이가 보고 있는 것이 지속할 수 있는지 점검해 보는 것도 권하고 싶다.

방송 3사

방송사마다 다양한 흘려듣기를 할 수 있는 부분이 있으니 참고하면 좋을 듯하다. 요즘은 TV 안에서 검색 기능으로 유튜브도 바로 호환해서 볼 수 있어 사라진 영상을 찾아 연결해서 보는 재미가 쏠쏠하다. 큰아이 때는 더는 보기 힘들다고 탄식하며 유료로 내려받는 곳에서 구매하여 컴퓨터에 저장해 보여준 애니메이션이 한가득이었다.

지금은 그렇게 하지 않아도 되니 점점 아이들의 흘려듣기 환경이 너무나 좋아짐을 느낀다. 각 가정의 TV 환경에 어떤 영상이 있는지 한번 찾아보자.

생각보다 너무나 많이 있고 체계적으로 정리돼 있음을 보고 놀랄 거라는 생각이 든다.

어느 방송국은 연령별로 유명한 영어책을 연결해 두었다. 또는 디즈니 만화처럼 특정된 영상을 묶어 두기까지 해 둔 곳도 있다. 노래면 노래로, 첸트면 첸트로 정리해 둔 것도 많으니 잘 찾아보면 보석 같은 프로그램이 너무나 많다는 것을 알 수 있다고 본다.

넷플릭스

최근 둘째 아이를 위해 넷플릿스를 보고 있다. 완전 신세계구나 하는 느낌을 많이 받고 있다. 가끔 큰아이 때도 있었다면 하고 생각할 정도로 잘 정리돼 있고 너무나 편리한 여러 기능에 놀란다. 아이마다 설정해서 그 아이가 좋아할 만한 것을 추천하는 기능도 있고 아이가 좋아하는 것을 따로 설정하는 기능도 있다.

현재 큰아이가 일본 애니메이션에 푹 빠져 엄마표 영어처럼 흘려듣기를 하고 싶다며 유튜브를 통해 보는 모습을 종종 보았다. 그럴 때면 손으로 자막을 가려가며 보다가 넷플릭스에서 일본어로 돼 있는 것을 보고는 너무나 좋아했다. 아쉬운 것은 영어보다는 그렇게 많지 않았지만, 이 또한 우리에겐 보석 상자같이 소중해졌다.

이 넷플릭스에도 많은 흘려듣기 영상들도 있다. 더빙판과 자막판 등 한 편 한 편 유료로 모든 영상을 구매하기보다 일정 요금 (TV나 컴퓨터 등 볼 수 있는 수에 따라 요금제가 구분돼 있다)을 한 달 요금으로 지급하면

수많은 영상을 볼 수 있다. 그리고 어디에도 없는 넷플릭스에서만 볼 수 있는 오리지널 콘텐츠도 많다.

유튜브

유튜브에는 정말 유용한 프로그램이 많다. TV에 유튜브를 연결해 화면을 조금 크게 하여 보여주길 권하고 싶다. 또 엄마들이 좋아할 기능 중 하나가 유튜브 앱 자체에 '시청 중단 시간 알림' 기능이 있어 시청 시간을 중단하게 하거나, 자극적인 영상을 시청할 수 없게 '제한 모드'라는 메뉴를 설정하면 그러한 프로를 제한해 주는 기능도 있다.

Q. 처음 흘려듣기는 어떤 것부터 보여주면 좋을까요?

1) 처음 시작 단계

미취학 아동에게 권하고 싶은 것

미취학 아동에게 본격적으로 엄마표 영어를 권한다기보다는 가랑비에 옷 젖듯 영어 환경 노출을 시도하는 시기라고 생각하면 좋겠다.

이 시기에 볼 수 있는 프로그램들은 대부분 노래와 첸트 형식의 리듬감이 있는 것이 많은 것 같다. 그래서 익숙하거나 친숙한 음악이라 아이들의 거부감이 덜 하다는 장점도 있는 듯하다. 큰아이 때도 생각해 보면 의도하지 않았지만, 노래와 첸트로 된 TV 프로그램을 자주 보았다. 그리고 영어 동요 CD나, 시중에 판매되는 영어 관련 도서에 딸린 음원을 자주 접해서

인지 영어의 거부감은 많이 없었던 것 같기 때문이다. 또 방송사에서 아이들이 들을 만한 영어 동요는 아주 많기에 잘 찾아보면 아이의 마음에 쏙 들고 호기심을 느낄 영상을 찾을 수 있을 거라고 본다.

취학 후 저학년~ 엄마표 영어 시작 1년 미만

본격적으로 엄마표 영어를 시작하는 단계이기에 아이가 좋아할 만한 것을 신중히 선택했으면 좋겠다. 다른 집 아이들이 좋아한다고 내 아이가 좋아하는 것이 아니기 때문이다. 그리고 처음 본 영상이 아이의 마음을 사로잡기 시작하면 그다음부터는 아이 스스로 잘 찾게 되고 수월하게 넘어가는 경우가 많으니 아이와 의논하면서 재미있는 것을 찾았으면 좋겠다.

단, 아이의 수준에 맞는 것을 찾는 것이 중요한 부분이라고 생각한다. 그러니 마냥 아이가 좋아한다고 다 보여주는 것은 좋지 않다는 것을 아이에게도 인지시켜 주었으면 좋겠다. 아마도 아이들이 유아기에 봤을 법한 한국 애니메이션 시리즈물들을 찾아서 보여주는 것을 권하고 싶다.

이때에는 빠른 전개가 되는 영상이나, 말이 빠른 것보다 또박또박 표현해 주는 영상을 추천한다. 그리고 아이가 어릴 때 좋아했던 캐릭터를 찾아서 보여줘도 좋을 듯하다. 이러한 영상은 TV 다시 보기나, 유튜브에서도 쉽게 찾을 수 있다.

2) 익숙한 단계 (만 1년 이상 초급)

아직 귀가 열린 단계가 아니다. 매일 흘려듣기를 하는 것에 익숙한 정도인 단계이기에 긴장을 늦추지 않았으면 좋겠다.

또 아이의 의견을 받아들이되 단계를 높이기보다 더 다지는 단계로 활용했으면 한다. 조금 빠른 아이들은 자주 본 영상의 단어나 대사, 또는 노래를 따라 부르기도 하는 단계이다.

처음 시작하는 단계에서 만 2년이 되기까지 꾸준히 영상을 보여주면서 인풋 시기를 즐겼으면 좋겠다.

3) 편안한 단계(만 2년 이상 중급)

아이가 조금씩 알아듣기 시작하거나 알아듣는 영상물이 많아지는 단계이다. 안정기에 접어들었다고 생각하는 단계이다. 여러 상황과 단어에 노출될 수 있도록 수학, 일상생활, 판타지 등 다양한 영상을 보여주면 더 효과적일 시기라고 생각한다.

단, 이때까지도 영상은 빠른 전개가 되는 것보다는 영상에서 주어지는 메시지나 대사가 간결하고 뚜렷한 발음이 되는 영상으로 들려주었으면 좋겠다.

4) 귀가 열린 시기 (만 3년 이상 고급)

이쯤 되면 아이가 스스로 자신이 재미있을 영상을 찾아서 볼 수 있는 시기라고 본다. 그래서 부모님은 흘려듣기에 대한 마음을 조금씩 내려놓을 수 있게 되는 것이다.

그래도 아이가 어떤 영상을 자주 보는지 한 번씩 점검해 보면 좋겠다. 아이가 보는 흘려듣기 애니메이션을 보다 보면 어떤 것은 영상과 같은 내용으로 책이 구성된 것도 있다. 이 책들을 집중듣기에도 적극적으로 활용할 수 있기에 이렇게 관심을 가지다 보면 좋은 집중듣기 책 선정은 덤으로 찾아온다고 본다. 그리고 애니메이션 외에도 실제로 사람들이 나와서 대화하는 영상도 접하게 해 보는 것도 좋을 것 같다.

그러면 아이가 다른 나라 사람들의 생각도, 문화도 알 수 있어 도움이 될 수 있다고 보기 때문이다.

5) 완성으로 가는 단계

아이마다 속도가 다르겠지만 조금 빠른 아이라면 영화 한 프로씩 부모님과 함께 볼 수 있는 시기라고 본다. 아이의 연령대에 맞는 대부분 영화(실제 사람이 등장하는 영화든 애니메이션이든)를 다 보여줘도 좋을 듯한 시기이다.

하지만 새로운 영화들을 보여줄 때는 말의 빠르기나 영상의 빠르기도 있으니 아이가 볼 때 부모님이 아이의 반응도 살짝 살펴보았으면 좋겠다.

Q. 흘려듣기 시간은 얼마나 하나요?

하루 1시간을 기본으로 하고 아이가 재미있어 한다면 1시간 30분 정도까지는 좋다고 생각한다. 단 지나치게 영상물에 의존하지 않도록 아이가 어리면 어릴수록 조절해 주었으면 좋겠다. 왜냐하면 영어 마스터가 아이 인생의 전부가 아니기 때문이다. 그렇다고 우리 집 환경이 1시간을 기본으로 설정했다는 것이니 이것이 정답이라고 말하는 것 또한 아니다.

그리고 웬만하면 흘려듣기를 가장 효과적으로 하기 위해서는 평일 TV 시청 시간을 제한해 달라고 말하고 싶다. 그러니 아이들과 이 부분에 관해 대화도 해 보았으면 좋겠다.

1시간을 매일 영상을 봐야 하는데 다른 TV 프로그램까지 보게 된다면 과도한 영상에 노출되는 우려가 있다고 보기 때문이다. 그리고 흘려듣기를 집중하게 하는 방법이기도 하다. 평일 하루 중 유일한 TV 시청이 흘려듣기 여서인지 우리 아이들은 이 시간을 손꼽아 기다렸다. 이런 가정문화가 자리 잡히면 방학 때조차 평일은 자신이 좋아하는 캐릭터를 볼 때 엄마의 눈치를 슬쩍 살피기까지 했고 그런 나는 모른 척, 선심 쓰는 척 보게 해주었다. 그러면 그날은 더더욱 엄마표 영어를 스스로 하는 놀라운 일들이 더 자주 일어났다.

엄마표 영어를 한다면, 1만 시간의 법칙을 말하는 경우를 종종 보았고, 그래서 흘려듣기에 조금은 시간을 더 투자하는 경우를 보았다. 어쩌면 선배님들께서 하신 방법이고 이 방법으로 많은 아이들이 영어 완성을 했을 것이다. 단지 나의 경우에는 아이의 나이 그리고 아이의 건강, 컨디션 등 우리 집의 환경에 맞추었을 뿐이다. 거기에 미디어에 대한 나의 고리타분한 고정관념이 한몫 더 했다고 보면 된다.

비록 3년, 4년보다 훨씬 더 긴 기간 동안 해야 한다고 해도 내가 생각하는 방향으로 가길 바라는 마음이 더 큰 이유이기도 하다. 엄마표 영어는 조금은 긴 시간을 필요로 하는 마라톤이라 생각했고, 꾸준함을 이길 수 있는 무기는 세상에 그다지 많지 않다고 생각하는 내 생각도 한몫했기 때문이다.

Q. 우리 집은 TV를 아이가 끼고 살아요.

TV를 거의 끼고 사는 아이에게 어느 날 TV 시청을 막아버리고 흘려듣기만 하라고 한다면 아마도 엄마표 영어 첫 시도부터 난관에 부딪히리라 생각한다.

그럴 때면 아이와 타협해서 서서히 일반 TV 시청을 줄이고 흘려듣기 시간을 늘려 가는 방법을 권하고 싶다. 처음 습관을 잡을 때 엄마가 너무 강압적이면 바로 영어 공부로 인식될 수도 있기 때문이다. 한 달, 두 달 늦어진다고 아이의 영어 완성 시기가 1~2년씩 늦어지는 것은 아니라고 본다. 따라서 아이와 협의해서 언제까지 이렇게 보다가 언제부터는 온전한 시간을 흘려듣기만 하자고 약속하면 어떨까 싶다. 의외로 우리 아이들은 믿어주는 만큼 약속을 잘 지키고, 그리고 그 약속을 지킨 자신을 스스로 뿌듯해한다고 생각한다. 이렇게 평일에 영어 흘려듣기만 했다면 주말에는 보고 싶은 영상을 눈치 보지 않고 볼 수 있는 권한을 주는 것이다.

생각해 보면 아이들이 미디어나 게임에 빠져드는 것은 의외로 심심해서, 놀거리가 없어서이기도 한 것 같다. 내가 어릴 때는 동네 친구들, 언니 오빠들과 밤이 되도록 동네를, 학교를 뛰어다니면서 놀았기에 심심할 시간이 없었던 것 같다.

물론 시대가 많이 변한 것도 있지만 그래도 아이가 태어나면서 가진 동심과 호기심이 변한 것은 아닐 거라고 생각한다. 그 호기심을 어디에 더 많이 주는 것이 좋을까 생각해 보면 엄마의 수고로움을 감수해야 하는 부분이 분명히 있지만, 아이를 위해 조금만 더 노력해 보자고 권하고 싶다. 아이의 게임기와 TV를 서서히 끊게 하는 것은 놀이일 것 같기 때문이다. 엄마와 함께 산책하거나, 물감 놀이를 하거나, 보드게임을 하거나 말이다. 형제가 많다면 형제들과 함께 할 놀이도 생각해 보자. 또 엄마가 요리할 때 옆에서 밀가루 반죽이나 콩나물 다듬기 같은 것으로 도와달라고 하며 놀아보는 것도 권하고 싶다. 아이의 눈높이에 엄마의 눈높이를 맞춰서 같이 노는 것이다. 긴 시간이 아니라도 함께 노는 것이 재미있다는 것을 많이 알게 해 주었으면 좋겠다. 물론 힘이 들고, 청소 거리가 쌓여서 엄마의 육퇴 시간이 배로 걸릴 것은 알지만 소중한 우리 아이 내가 아니면 누가 해주랴 하는 마음으로 해보면 어떨까 싶다. 사실 이 시대에 엄마라는 이름으로 살아간다는 것은 정말이지 고달프다는 것을 잘 안다.

엄마도 해야 하고, 선생님 역할도 해야 하고, 친구도, 심지어 형제 역할도 해야 하니 말이다. 또 직장맘은 직장 일에, 며느리, 아내에 온갖 역할이 1인 2역을 뛰어넘어 3역 5역도 하니 말이다. 이처럼 짊어진 역할이 너무나 많아 소리 지르고 싶어질 정도로 분주한 하루를 우리 엄마들은 보내고 있다. 그래도 힘을 내어 보자. 왜냐하면 아이가 내 품에 있을 날이 영원할 것 같지만 어느새 혼자 밥을 먹고, 어린이집에 가고, 곧 학교도 간다며 집을 나서기 때문이다. 이렇게 아이가 성장하는 속도가 생각보다 빠르다는 것을 느꼈기에 하는 말이다.

Q. 흘려듣기는 아무 때나 하면 되나요?

의외로 이 질문을 듣는 경우가 종종 있었다. 흘려듣기는 가정의 환경마다 다른 것 같다. 만약 아이가 아침 일찍 일어나 30분을 봤다면 학교 갔다 와서, 아니면 낮에 마저 보면 된다. 연속해서 1시간을 봐도 되고, 잘라가며 봐도 된다고 생각한다. 어느 정도 일정한 시간을 정해도 되고 또 아니면 아이가 원하는 대로 그날의 시간 환경에 맞게 짜면 되는 것이다.

Q. 흘려듣기 할 때 아이가 원하는 것은 다 보여줘도 되나요?

처음 엄마표 영어의 흘려듣기를 시도할 때 아이가 좋아하는 것을 찾아주라는 말을 많이 들었다. 하지만 무조건 아이가 보고 싶어 하는 영상을 보여주는 것은 개인적으로 반대하는 견해다. 둘째와 함께 흘려듣기를 해보았을 때 좋아하는 영상을 보고 듣는다고 영어 소리가 들리는 것이 아니었기 때문이었다. 영어는 연음이 있다. 문장 내에서 발음을 더욱 편하게 하려고 말을 빨리하면서 앞 단어와 뒤 단어가 한 덩어리 발음이 되는 것이다. 또 입에서 굴려버리듯 말하는 것도 많아서 보고 있다고, 듣고 있다고 다 들리는 것이 아니었다. 다시 말해서 어린아이에게 엄청 빠른 말을 하거나 어려운 단어를 섞어서 말하면 아이는 우리나라 말이라도 알아듣기 힘든 것과 같다고 생각하면 된다. 그래서 나는 처음에는 쉬운 문장이나 쉬운 단어가 등장하는 낮은 단계 영상물을 먼저 보아야 한다고 생각한다. 처음부터 수준이 너무 높거나, 빠른 영상물은 아이 귀에 더더욱 들리지 않는 경우가 많으리라 생각해서이다. 또 빠른 화면 전개에 노출이 되면 나중에는 낮은 단계로 들으려 하면 화면 전개도 느리고 발음도 느려서 지겨워하는 역효과를 가져올 수도 있기 때문이다.

낮은 단계의 장점은 유아와 초등학교 저학년 수준으로 만든 영상들이기에 발음을 또박또박한다는 것이다. 그리고 사용하는 어휘의 수도 그다지 많지가 않다는 것이다. 하나의 영상에 익숙해지면 또 다른 것을 하나하나 찾아가면서 단계를 높이다 보면 자기도 모르게 잘 들리는 효과를 거둘 수 있다고 본다. 아이가 처음부터 낮은 단계를 보기 싫어하면 아이가 좋아하는 단계 30분과 낮은 단계 30분 이렇게 1시간을 조율해 보는 것도 권하고 싶다.

아니면 낮은 단계 1시간을 보고 나면 아이가 보고 싶은 영상을 30분 정도는 더 볼 수 있다고 말한 뒤 1시간 30분 정도의 시간을 아이와 협의하는 것도 좋을 듯하다. 그렇게 처음에는 아이와 협의해서 보다가 서서히 자기 수준에 맞는 것으로 보게 하면 좋을 듯싶다.

Q. 같은 영상만 고집해요, 매번 다른 영상을 고집해요

결론을 말한다면 아이가 원한다면 둘 중 어느 것이나 다 좋다고 생각한다. 같은 영상을 보는 것의 장점은 수없이 보았기에 그러한 상황이나 물건이 보이면 바로 알아보거나 말하기 좋은 점인 것 같다. 지금도 첫째는 같은 영상을 얼마나 많이 봤는지 다른 방에 앉아서 동생이 보고 있는 영상의 대사를 주절주절 말할 정도이니 말이다. 형처럼 둘째도 거의 2년 넘게 〈맥스 앤 루비〉를 봐서인지 가끔 그곳에서 나오는 대사를 이제는 서로 주고받기까지 하면서 깔깔거리기도 한다. 이처럼 매번 보았던 영상의 상황과 비슷한 환경이 아이에게 주어진다면 자신도 모르게 그 대사와 같은 말을 하게 될 거라 보기 때문이다.

그렇다면 매번 다른 영상을 보고 싶어 하는 아이라면 그 또한 아이의 성향일 수도 있다고 본다. 아이의 성향이 하나를 진득하게 보기 힘들어하는 아이일 수 있기 때문이다.

여러 영상을 돌려가면서 보아도 문제가 있는 것은 아니라고 본다. 여러 편을 돌려보면 상황들도 다 다르고 대사도 다르니 다양한 어휘에 노출이 되는 장점 또한 있기 때문이다. 그러니 둘 중 한쪽에 치우친다고 너무 걱정하지 않았으면 좋겠다. 또 아이 수준에 맞는 영상을 하나하나 함께 보면서 찾아가 보는 것 또한 권하고 싶다.

영상을 아이에게 권할 때의 경험으로는 오늘 '한 번만 보자'라고 말하기보다는 보기 힘들어도 3일에서 일주일은 지속해서 보자고 권하고 싶다. 나의 경우로는 큰아들은 새로운 영상이나 책을 스스로 찾거나 하는 것을 잘하지 않았고 엄마가 권해도 싫어했다. 익숙한 것을 선호하는 아이였다.

하지만 한 종류만 보여줄 수는 없는 노릇이었기에 매번 새로운 흘려듣기 영상을 권할 때는 일주일만 보자고 말했다. 그 뒤에도 네가 보고 싶은 스타일이 아니면 다른 것을 찾자고 말이다. 그런데 의외로 3일이나 일주일쯤이면 "엄마! 그냥저냥 볼만해요."라는 반응을 많이 보냈다. 때로는 "엄마! 이거 생각보다 재미있어요."라고 말해 줄 때도 있었다.

그렇게 아이가 처음부터 좋아하는 것을 찾는 것은 힘이 들지만, 자신이 볼만한 영상인지 아닌지를 한번 보고서 판단하는 것도 무리가 있지 않을까 싶다. 또 시기가 되어 들리는 영상물이 많아지면 자연히 아이가 다른 것도 보고 싶어 하지 않을까 싶다. 처음 흘려듣기를 할 시기에는 대사도 들리지도 않고, 유추하기 힘들기에 아이가 좋아할 만한 것을 잘 찾고 격려해 주는 것이 제일 좋을 것 같다.

Q. 흘려듣기는 영상만 보는 것을 말하나요?

개인적으로 흘려듣기는 영상을 많이 추천하는 편이다. 처음 흘려듣기를 시작하는 아이일 경우 오디오로 흘려듣기를 한다면 그 말이 무슨 말인지 알아듣기 힘들 수 있다고 보기 때문이다. 물론 노래가 재미있거나 따라 부르기 좋을 정도로 신나는 것이라면 모르겠지만 그러한 것을 찾기가 쉽지 않기 때문이다.

그리고 영상을 선호하는 이유는 영상 속 인물이 움직이면서 상황별로 대사할 때 가지고 가는 물건이나 행동 들에서 단어를 유추하는 능력이 더 빠르게 생긴다고 보기 때문이다.

그러나 '무조건 영상만이 답입니다.'라고 말하는 것은 아니다. 특히 집중듣기를 한 책의 오디오로 흘려듣기를 하면 집중듣기의 효과가 극대화된다고 보기에 추천하고 싶다. 흘려듣기 노출이 많으면 효과적일 거란 생각에 노래, 영어 DVD, CD 등을 온종일 아이에게 들려주는 경우도 있는 듯하다.

개인적으로 집중듣기를 하지 않은 책과 연관된 CD 등의 음원은 극단적으로 말한다면 소음일 수도 있다고 생각한다. 전혀 알아듣지 못하는 말과 머릿속에 그려지지도 않는 말들을 듣는다고 아이가 그 소리에 반응할 수 있을까? 하고 생각해 보면 의문이 들기 때문이다.

그래서 영상물이 아닌 흘려듣기를 시도한다면 집중듣기를 한 책의 오디오 소리에 노출을 권하는 것이다. 하지만 영상물을 싫어하는 아이라면 오디오 흘려듣기를 할 수밖에 없다. 그럴 때면 음악이 있거나, 효과음이 예쁘거나, 인물의 대사가 독특하거나 하는 아이의 성향에 맞게 찾아서 들려줘도 좋을 듯하다.

Q. 흘려듣기 시간이 낭비 같아요

처음에는 아이가 흘려듣기를 싫어하거나 대충 들으려 하다가도 어느 순간 무슨 말인지 들리기 시작하면 더 많이 보고 싶어 했다.

이때쯤이면 오히려 엄마인 내가 만화만 보는 아이 같은 느낌이 들어 집중듣기를 강조하는 웃지 못할 광경도 종종 벌어지곤 했다. 사실 부끄럽지만 첫째 때 "너 재미있고 편한 흘려듣기 먼저 하려고 하지 말고 집중듣기 먼저 하지."라던가, "아들, 흘려듣기 너무 많이 보려는 것 아니야?" 라며 핀잔을 주기도 했었다.

흘려듣기를 즐겨 보는 것에 감사하는 마음은 온데간데없이 그저 TV에 빠진 아이로 보기 시작한 것처럼 말이다. 생각해 보면 흘려듣기는 1년이 지나고 2년이 지나도 별다른 느낌을 가질 수 없으니 그렇게 생각하게 된 것 같다. 오히려 눈에 띄게 비교되는 것은 집중듣기 부분이었다. 이 집중듣기를 하고 나면 얼마 지나지 않아 바로바로 책을 읽어낼 수 있기에 영어를 잘하는 것처럼 보였기 때문이었다.

그래서 흘려듣기보다 집중듣기에 집착을 하게 되는 때도 있었다. 돌이켜 생각해 보면 첫째 아들의 경험상 아이의 영어 완성에 결정적인 부분은 흘려듣기였다고 말하고 싶다.

지금은 전체 영어 완성의 60%는 흘려듣기의 효과라고 생각하기에 큰 아들에게도 흘려듣기는 귀가 닫히지 않게 꾸준히 영화를 시청하라고 말할 정도이다.

Q. 흘려듣기 할 때 기기는 어떤 게 좋을까요?

큰 화면으로 보여 주었으면 좋겠다. 스마트폰으로 유튜브를 연결해서 보여주는 경우도 많은데 아이의 눈 건강과 자세에 그다지 좋다는 생각이

들지 않기 때문이다.

요즘은 TV 화면으로 바로 유튜브를 검색할 수 있게 되어있어 큰 화면으로 보게끔 유도하고 있다. 아이들과 여행을 가거나 캠핑하러 갈 때도 스마트폰으로 보게 하지 않았던 것 같다. 조금 귀찮아도 노트북에 영화를 저장해 가거나 DVD를 넣어서 보여주었다. 최근에 바꾼 노트북은 CD롬이 없어 외부 CD 롬을 따로 구매하여 보여주기도 했다.

여의찮아 스마트폰으로 보여줘야 한다면 스마트폰 화면을 확대하는 작은 도구들을 이용해 주면 좋겠다. 최근에 나온 제품 중엔 스마트폰 확대 스크린으로 판매하는 것을 보았다. 또 동글이라고 블루투스를 연결해 스마트폰에 있는 영상이나 저장된 유튜브를 TV나 컴퓨터로 연결해 주는 것도 그다지 비싸지 않은 가격으로 판매하고 있는 것을 보았다.

이런 도구를 이용해서 아이들을 조금 더 편하게 영어 환경을 만들어 주는 것을 권하고 싶다.

Q. 흘려듣기 시 집중하지 않아 효과가 있는지 잘 모르겠어요

엄마표 영어를 도입하고 아이에게 흘려듣기를 하라고 하면 처음부터 잘 보는 아이가 얼마나 많을까 싶다. 전혀 들리지 않는 영어에 자막도 없기 때문이다.

또 영상 수준도 대부분이 자신의 나이보다 더 어릴 때 보던 것이니 마음이 썩 내키지 않을 경우가 많을 수 있다. 그래서 나는 웬만하면 그중에서 찾을 수 있는 최선의 영상을 찾아주는 노력을 해야 했다. 처음부터 아이가 재미나고 신나게 볼 거란 생각을 잠시 접어두고 습관을 잡아 간다라며 엄마는 마음을 내려놓고 아이를 배려해 주면 어떨까 싶다. 내용이 이해되고 무슨 말인지 조금씩 느낌이 올 때면 흘려듣기가 제일 재미있고 편안한 시간이 되지 않을까 생각해서이다. 그리고 왜 흘려듣기를 하고 이것을 하면 어떤 점이 좋은지 매번 설명해 주면서 말이다. 아이들은 여러 번 말을 해도 엄마표 영어 중 흘려듣기나 집중듣기를 왜 해야 하고 어떤 점이 좋은지 잊어버리는 경우가 많기 때문이다. 매번 그럴 순 없겠지만 영화관처럼 편안하게 볼 수 있게 과자나 먹을 것을 주며 보게 하는 것도 좋은 방법일 듯하다.

큰아이가 어릴 땐 여름이면 베란다에 작은 풀장을 만들어 동생과 두 시간씩 물놀이할 때가 많았다. 이때 녹음해둔 CD나 집중듣기 한 CD를 들려주기도 하고, 목욕탕에서 물놀이를 할 때도 들려주었다. 물론 장난감을 가지고 놀거나 레고 같은 조립품을 만들 때도 마치 커피숍의 배경 음악처럼 들려주었다. 이렇게 들려주면서 왜 집중해서 듣지 않느냐고 말을 하지 않았다.

그저 그곳에서 한 단어라도 아이가 스치듯 듣기만 해도, 생각만 해내도 좋겠다는 마음으로 했기 때문이다. 그래서인지 어느 날은 전기 요금이 아까울 정도로 듣지 않았고, 어느 날은 동생과 함께 CD에서 흘러나오는 노래를 따라 부르기도 했다.

그냥 배경처럼 적응해 가는 시기에는 아이에게 많은 것을 바라지 않았던 기억이 생생하다. 그렇게 몇 개월이 지나면 아이가 자라는 만큼 생각도 자라고, 습관도 자라지 않을까 싶은 마음이 더 컸기 때문이다.

Q. 자막을 보여달라고 해요? 영어 자막은 도움이 되지 않을까요?

큰아들 때에도 현재 엄마표 영어를 하는 둘째도 어떠한 자막 없이 흘려듣기를 한다. 한글 자막이 있으면 당연히 자막에 눈이 먼저 갈 것이고 그러하면 듣기보다 보기 위주가 되지 않을까 싶어서이다. 그렇다면 영어 자막은 도움이 될까 하겠지만 영어 자막도 그다지 도움이 되지 않는다고 생각한다. 온전히 그 영상에서 인물들이 하는 말을 듣고 행동과 대사, 배경 화면에서 아이가 하나하나 추론해 나가는 작업이 흘려듣기라고 보기 때문이다.

성인이 영어 공부를 하는 방법 중에는 자막과 대사를 맞춰 가며 공부하는 방법도 있다. 하지만 엄마표 영어에서는 성인과 다르게 흘려듣기와 집중듣기, 영어책 보기에서 각각 맞춰가는 작업을 하기에 그 특성에 맞게 보여줬으면 좋겠다. 단 모든 엄마표 영어에서 〈무조건 안 됩니다〉는 없다고 본다. 아이에게 맞게 조금씩 엄마가 융통성을 발휘하는 것이 오히려 지속 가능하다고 보기 때문이다. 아이가 처음부터 자막이 없다며 전혀 보려 하지 않는다면 이 또한 아이와 함께 흘려듣기에 관해 설명하고 난 뒤 자막이 있게 보는 시간과 없이 보는 시간을 서서히 맞춰가면 좋을 것 같다. 너무나 답답해하는 아이에게 '무조건 자막은 안돼.'라고 말하는 것도 아이가 싫어하게 되는 원인이 될 수도 있기에 하는 말이다. 그러니 아이에게 맞게 천천히 한 단계 한 단계씩 허용하고 수정하면서 진행했으면 좋겠다.

만약 아이가 유아여서 한글이 아직 완성되지 않았다면 자막을 보여주는 것과 그렇지 않은 것에 그다지 의미를 부여하지 않는 편이다. 하지만 조금씩 글자를 알게 되면 자막을 서서히 끊어 온전히 영어의 대사와 상황들에 집중할 수 있게 해 주는 것이 낫다고 본다.

Q. 흘려듣기 시 부모도 함께 봐야 하나요?

큰아들 때도 작은 아이 때도 처음 100일 정도는 함께 보려고 노력했던 것 같다. 아이도 처음이라 낯설기도 하고, 특히 첫아이 때는 무슨 내용인지 모르니 과자를 앞에 두고 같이 영화 보듯이 함께 보기도 했었다.

그러다 너무 바쁜 날이면 왔다 갔다 하며 아이가 보는 영상을 한 번씩 물어보기도 하고 관심을 가지려고 노력은 했었다. 그렇지만 매번 1시간씩 엄마가 함께 보는 것은 힘들지 않을까 싶다. 특히 직장맘일 경우에는 엄마가 집에 오기 전 시간을 활용해 아이가 흘려듣기를 해두기만 해도 집중듣기만 하면 되니 조금 편하지 않을까 싶다.

단, 어떤 영상을 보았고 느낌은 어떤지 대화를 자주 해 보고 주말만이라도 아이가 흘려듣기를 할 때는 함께해 주는 것을 권하고 싶다. 또 새로운 흘려듣기를 권할 때나 아이가 원할 때는 힘들더라도 엄마가 한편이라도 함께 봤으면 좋겠다. 아니면 유튜브를 검색해서 짧은 영상을 보거나 다른 사람들의 반응을 보는 것을 권하고 싶다. 개인적으로는 영어로도, 한국말로도 번역돼 다른 아이들에게 인기·있는 프로그램이라도 보여주지 않은 것도 있었다. 왜냐하면 내용도 그다지 권하고 싶지 않은 부분이 있는 것도 있었고 대사도 빨라 아들이 흘려듣기 영상으로 보기에 적합하지 않다고 생각했던 부분도 있었기 때문이었다. 또 어떤 영상은 대사가 거의 없었기에 오히려 아이가 좋아했던 프로그램도 있었다. 그래서 왜 이 영상이 적합하지 않은지 설명하고 잠시 다른 것과 병행해서 함께 보게 한 뒤 서서히 보지 않게 유도했던 기억도 난다. 이처럼 엄마가 영상의 스타일을 조금만 파악해도 먼저 권하는 것은 피할 수 있거나 아니면, 왜 적합하지 않은지 설명해 줄 수 있기 때문이다.

Q. 흘려듣기를 싫어해요

아이마다 흘려듣기를 처음 시작할 때 정말 호불호가 엇갈리는 것을 느꼈다. 어떤 아이는 영어 공부가 자기가 즐겨보던 애니메이션을 보니 거부감 없이 받아들이지만, 반면 또 어떤 아이는 흘려듣기만 하면 온몸을 뒤틀고 힘들어하는 아이가 있으니 말이다.

내 아이가 다행히 거부감 없이 받아들이면 정말 감사한 일이다. 그런데 그게 아니라면 찬찬히 생각해 볼 필요가 있다. 자기가 좋아하는 스타일의 영상이 아닐 수도 있고, 화질이 좋지 못한 예전 영상일 수도 있다. 또 음악이 너무 많거나 적을 수도 있고, 아이의 성별과도 맞지 않는 예도 있을 것이다. 또는 엄마가 유명하다고 생각한 영상을 강압적으로 적용했을 수도 있다. 이럴 때는 엄마도 아이와 함께 인내심을 가지고 영상을 찾아야 할 듯싶다. 그러고는 아이와 함께 보면서 아이의 반응을 살폈으면 좋겠다.

이렇게 조금이라도 재미있게 볼 수 있는 영상이 생기면 대화도 나누며 흥미를 느낄 수 있게 배려해 주면 좋겠다. 그렇게 찾은 영상을 보다 보면 처음에는 단어 하나도 알아듣지 못하겠지만 어느 순간 10%, 20% 이렇게 아이가 알아듣게 되는 시기는 곧 찾아온다. 즉 들리는 단어나 이해되는 상황들이 많아질수록 아이는 서서히 흘려듣기의 매력에 빠져든다는 것이다.

전혀 알아듣지 못하는 영상을 보는 것보다 자신이 알아듣는 단어가 한 개씩 등장할 때마다 아이는 조금씩 편안해할 것이기 때문이다. 그 편안해할 시간이 아이마다 다르기에 일주일 때론 몇 개월이 걸릴 수도 있겠지만 조금 더 인내하고 기다려 주면 좋겠다.

Q. 집중듣기가 뭐예요?

집중듣기를 처음 알았을 때는 CD에서 나오는 소리와 책에 있는 글자를 맞추어가며 듣는 것이라고 인지했다. 이후에는 영상에서 나오는 소리 나, 책을 읽어주는 컴퓨터 프로그램의 단어들에 귀를 쫑긋 세우고 두 눈을 집중해서 보는 것도 있다는 것을 알게 되었다. 어떤 것이 정확하다고 말할 수는 없다고 생각한다. 단지 나의 경우는 집중듣기 할 때 단어 하나하나를 눈으로만 보는 것이 아니라, 도구(연필이나 볼펜, 붓 뒷부분 등)를 이용해 짚어가면서 듣는 것이라고 말하고 싶다.

둘째와 집중듣기를 시작했을 때 함께 번갈아 짚어가며 했던 기억을 떠올려 보면 도구를 사용했을 때의 좋은 점은 이러했다. 아이를 위해 옆에서 짚어 줄 때보다 내가 직접 나의 눈높이와 글자의 위치에서 짚으며 영어 단어를 보았을 때 더 선명하게 보이는 효과를 느낄 수 있었다. 그냥 옆에서 들을 때는 CD 소리에서 말하는 단어 외에도 좌우에 있는 단어들이 많이 보였는데, 도구를 이용해서 짚게 되면 그 단어에 초점이 맞춰지는 효과가 있었다는 것이다.

그렇게 한 자 한 자 짚어나가며 단어에 집중하다 보니 나중에는 스펠링을 외우지 않아도 알 수 있는 단어가 수없이 쌓이는 것이라 생각이 들었다.

그리고 첫 집중듣기를 하는 날 가장 많이 신경을 썼던 부분은 집중듣기가 쉽고 만만하다고 아이 스스로 생각하게 하는 것이었다. 첫 관문부터 아이가 힘들거나, 마음에 벽을 쌓아 버리면 엄마표 영어를 지속하는 데 애를 먹을 수도 있다고 보기 때문이었다. 그래서 첫 집중듣기 시간을 2분 때론 5분부터 잡았는지도 모른다. 사실 말이 2분이지 음원을 들어보면 한 트랙에 노래가 반을 차지하는 것도 많았다.

그렇게 1분에서 5분 정도 아주 짧은 시간 안에 집중듣기를 가볍게 시작하면서 아이에게 "영어 별거 아닌데, 만만한데." 라는 생각을 먼저 심어주었다. 영어는 그저 TV 보면서 듣고, 하루에 1분 아니면 5분 정도 집중듣기만 하면 된다는 마음만 들어도 엄마표 영어는 반은 성공했다고 보았다. 그렇게 100일간 첫 습관을 잡아가는 것을 권하고 싶다. 습관을 잡는 동안 1분 또는 3분씩, 짧은 그림책을 한 권씩 추가해도 아이가 100일간 받아들이는 시간은 15분에서 20분을 넘지 않기 때문에 그렇게 힘들이지 않고도 시작할 수 있다.

영어를 빨리 완성하고 싶은 마음만 상자에 넣어 집안 구석 어딘가에 보관해 두 자. 그러면 아이도 느끼지 않을까 싶다. 엄마가 집중듣기를 하면서 효과를 보고 싶은 마음의 크기만큼 아이가 불안해하거나 힘들 수도 있기 때문이다.

"아이의 긴 인생에서 처음 100일 동안은 아이랑 놀아보자." 하는 마음은 어떨까 싶다.

그리고 이 100일간은 어쩌면 아이보다도 엄마의 영어 환경 노출 부분에 대한 첫 습관일 수도 있다고 생각한다. 엄마도 처음이고 아이도 처음이다. 아이는 할만한데 엄마가 지쳐도 엄마표 영어를 완주하기 힘들 수도 있다. 그러니 엄마도 아이도 몸풀기하는 시간으로 여기며 이 시간 동안 아이와 많은 대화도 나누고, 마인드를 형성해 나가는 시간을 가졌으면 좋겠다.

아이만큼이나 엄마의 마음도 소중하다는 것을 알았으면 하는 마음에서이다. 이렇게 100일이 지나고 나면 시간을 조금씩 늘려서 영어 완성하는 그날까지 30분씩 집중듣기를 하면 된다.

Q. 집중듣기는 아이 혼자 할 수 있나요?

"물론입니다"라고 말해주고 싶다. 하지만 처음 집중듣기를 할 때는 언제나 함께하길 권하고 싶다.

첫 번째 이유는 아이가 처음 집중듣기를 할 때 CD에서 나오는 음원 소리와 책 속의 단어(텍스트)를 맞출 때 음원 속도에 따라가지 못하기 때문이다. 무엇보다 아이가 알파벳도 모르고 시작하는 경우도 있기에 어느 것이 소리와 단어가 연결되는지도 모를 경우가 많기 때문이다.

두 번째는 음원의 속도가 CD마다, 때론 그 CD 속 트랙마다 다른 경우가 많기 때문이다. 그러면 아이는 눈으로 아니면 손으로 단어를 쫓아가기도 바쁘기 때문에 집중듣기 시간은 확보했으나 전혀 집중듣기가 이뤄지지 않는 경우가 많다고 보기 때문이다.

세 번째는 책마다 첫 줄에서 끝줄로 차례로 이뤄진 것만 있으면 좋겠지만 그렇지 않은 경우도 많다. 예를 들면 위, 아래, 좌, 우 보는 순서가 다르거나, 때론 만화처럼 말풍선 형태로 된 것도 있어 음원 소리와 단어를 아이가 알 수 없는 예도 있기 때문이다.

네 번째는 새로운 집중듣기를 할 때 이 책이 아이의 현재 수준에 맞는지 가늠하기 위해서이기도 하다.

다섯 번째 어쩌면 가장 중요 한 부분이라고 생각한다. 이 엄마표 영어는 아이 혼자서 엄마표를 한다는 느낌보다 엄마표 영어니깐 엄마와 함께하기에 심리적으로 안정감을 줄 수 있다고 보기 때문이다.

첫째 때는 첫 집중듣기부터 6개월간은 언제나 함께였고 나머지 6개월 또한 직접 짚어주지 않았어도 다른 방법으로라도 옆에 있어 주었다.

현재 둘째는 엄마가 아프거나 시간상 함께 못하게 되더라도 꼭 옆에 형이라도 함께 있게 해 주고 있다. 지금은 아이 혼자서도 할 수 있지만 둘째는 아직도 집중듣기는 엄마와 함께하고 싶어 하기에 옆에 있어 줄 때가 많다. 아마도 둘이서 영어 꼴찌 경쟁을 하는 이유도 있지만, 함께 하고 싶어 하는 마음이 비단 그것만은 아님을 느낀다. 그래서 최소 2년은 특별한 경우가 아니라면 함께해 줄 생각이다. 이 또한 가정환경에 맞게, 아이의 연령대와 의지에 맞게 기간은 조절 가능하다고 본다.

Q. 어떤 방법으로 집중듣기를 하나요?

집중듣기 첫날 1분에서 5분 : 첫째 아이와 둘째 아이가 했던 낮은 단계 책 (예를 들어 영어 그림책이라면 한 페이지에 단어가 1~5개 정도)으로 설명하면 이렇다.

① 첫 번째 책을 대략 3일에서 4일간 CD에서 나오는 음과 글자를 짚어가며 집중듣기를 했다. 이때 CD를 들으며 아이가 좋아하는 트랙이 있다면 그 부분의 음으로 2번 정도 집중듣기를 해 주었다. (아이에 따라 한 번만 듣길 원하는 경우 거부감이 들지 않게 한 번만 듣게 하는 것도 좋다. 빨리 습득하길 바라는 마음에 3번, 4번씩 과하게 듣게 하면 아이가 엄마표 영어에 대한 마음의 문을 닫을 가능성도 있다고 보기 때문이다.)

② 이렇게 3일에서 4일간 집중듣기를 한 책을 아이가 한번 읽어 보게

했다. 아이가 책을 읽을 때는 단어의 뜻과 발음은 체크하지 않고, 읽어내는 부분을 보고 대략 70%~80% 읽어내면 그땐 그 책을 읽기 책으로 뺐다.

③ 다시 두 번째 선정한 책으로 집중듣기를 했다.

(이때 만약 첫 번째 책이 70~80% 완성이 되지 않았다면 함께 집중듣기를 하면 된다. 그렇다면 5일 차쯤의 집중듣기 책은 첫 번째 책과 두 번째 책인 2권으로 집중듣기를 하게 된다는 것이다. 이때 첫 번째 책은 여러 번 들었기에 1회 정도만 듣고, 새롭게 투입된 두 번째 책은 2번 정도 듣길 권한다. 단, 시간은 5분, 음악이 길다면 7분을 넘기지 않는 선에서 하면 좋을 듯싶다.)

④ 6일 차쯤 첫 번째 책을 읽을 수 있게 되면 그 책은 앞으로 아이가 읽을 책으로 빼고 다시 세 번째 책을 추가해서 집중듣기를 했다.

⑤ 7일 차쯤 두 번째 책과 세 번째 책으로 집중듣기 했다. (이때쯤 두 번째 책을 읽기 책으로 뺄 수 있는지 체크해 보면 좋을듯하다.)

집중듣기를 해서 한 권씩 읽을 수 있는 책이 늘어나면 이 책들은 앞으로 영어 읽기 책으로 넘겼다. 이렇게 한 권씩 추가하면서 첫 100일간은 2분~20분을 넘지 않게 했다.

이것 또한 아이마다 다르니 잘 따라오는 아이는 2~3달 뒤에 30분을 채워도 되고, 늦거나 힘들어하는 아이는 어느 정도 습관이 잡히면 30분을 해도 좋다고 본다. 그러나 1년이 지나도 20분, 이렇게 하면 아이가 영어를 완성하는 시기가 늦어질 수 있기에 자리 잡는 시간을 6개월은 넘지 않게 하는 것이 좋을 듯하다.

Q. 아이의 리딩 단계를 알아보는 방법

아이들과 집중듣기를 하다 보면 지금 내가 보여주고 있는 아이의 책 수준이 어디쯤일까 궁금해할 때가 많았다. 그리고 엄마표 영어를 하다 보면 RL(Reading Level), 즉 리딩 레벨이란 단어도 알게 된다. 이 리딩 레벨은 대부분의 미국 학년 기준으로 표시되어 있다. 예를 들어 RL 2.6은 2학년에 올라가서 6개월쯤이 되는 미국 어린이의 평균 읽기 수준이라고 보면 된다.

즉, 아이가 읽을 수 있는 문장 길이나 어휘의 수, 그림과 글의 양 등을 기준으로 단계를 나누어 두었다고 보면 된다. 이 레벨이 2학년이라고 우리 아이들의 학교 학년인 2학년을 기준으로 본다는 의미는 아니니 참고만 했으면 좋겠다.

〈리딩 레벨 알아보기 위해서는 대표적으로 AR 북 레벨과 렉사일 지수가 있다〉

① AR 북 레벨은 미국 초등학교에서 1학년에서 12학년까지 책을 읽었을 때 독서 코칭을 하기 위해 나누어 놓은 독서 관리프로그램이라고 보면 된다. 수 만권을 분석하고 실제로 책을 활용한 3만여 명의 학생들을 분석해서 만들었기에 미국 학교에서 사용될 정도이다.

이 AR 북 레벨에는 IL(Interest Level) 지수와 BL(Book Level) 지수를 중

점적으로 보면 좋을 듯싶다.

첫 번째 IL(Interest Level) 지수는 쉽게 설명하면 이 책에 관심을 가질 법한 아이들의 연령대를 알려준다고 보면 된다.

〈IL (Interest Level) 지수〉

- LG (Lower Grades, K – 3) – 유치원~초 3
- MG (Middle Grades, 4 – 8) – 초 4~중 2
- MG+ (Middle Grades Plus, 6 and up) – 초 6 이상
- UG (Upper Grades, 9 – 12) – 중고등

(대부분의 MG+ 이상의 책들은 (Young Adult) 청소년 및 성인 초반 수준임) 예를 들어 레벨을 알아볼 수 있는 https://www.arbookfind.com/ 주소로 들어가서 검색해보면 된다.

두 번째 BL(Book Level) 지수는 글의 난이도에 따라 1.0~12까지 상세하게 분류해 두었다고 보면 된다. 대부분 엄마표 영어를 하시는 분이 보는 지수라고 생각하면 된다.

BL4.8의 의미는 미국 초등학교 아이 기준으로 4학년 된 뒤 8개월이 지나면 아이들이 스스로 읽고 이해할 수 있다는 말이다. 여기서 보통 BL 지수만 보는 경향이 있는데 IL 지수도 가끔 필요한 경우도 있다. 어떤 책을 보면 관심 있는 IL 레벨 지수는 LG 즉 유치원에서 초등학교 3학년 수준인데, BL 지수는 초등학교 4학년이란 갭이 생기는 경우가 가끔 있기 때문이

다. 큰아들이 자주 보았던 과학을 다룬 내용의 책이 이러한 경우였다. 그래서 단어 즉 어휘는 난이도가 높아서 4학년이라고 설정했지만, 책의 전체적인 내용으로 보면 저학년이 보기에 재미있는 구성으로 돼 있었기 때문이다.

세 번째 AR Pts는 리딩 퀴즈가 있는 책의 레벨을 알려주는 것인데 엄마표 영어에서는 사용을 잘 권하지는 않는다.

② Lexile(렉사일) 지수는 미국에서는 가장 공신력 있는 지수이며 전 세계에서 제일 많이 사용하고 있는 지수라고 보면 된다. 메타메트릭스라고 미국 교육 연구기관에서 과학적인 연구를 바탕으로 개발된 독서 수준을 알려주는 지표라고 보면 된다. 영어책 내용의 난이도와 아이들(독자)의 읽기 수준을 측정하는 도구로서 미국의 많은 주에서 공식적인 영어 읽기 능력 평가로 인정받고 있다.

렉사일 지수를 알 수 있는 공식 홈페이지는 https://lexile.com이다.

렉사일을 대략 적으로 나눠보면 이렇다.

Lexile 200~500 (미국 초등 저학년 수준)

Lexile 300~800 (미국 초등 고학년 수준)

Lexile 800~1000(미국 중학생 수준)

Lexile 1000~1200(미국 고등학교 수준)

Lexile 1200~1700 (미국 대학생 수준)으로 보면 된다.

예를 들어 우리 큰아들이 좋아하는 책 〈Captain ○○○〉 을 검색하면

850L이라고 표기되어 있다. (영어를 알지 못하는 엄마도 인터넷 렉사일 홈페이지에서 번역 기능을 활용하면 쉽게 알 수 있다) 즉, 이 책은 대략 Lexile 300~800인 미국 초등 고학년 수준이구나 하고 생각하면 된다. 또는 이 책을 AR 지수로 검색해 보면 BL5.1이다. 이렇게 비교해 보면 몇 학년 아이가 볼 수 있는 수준인지도 알 수 있다. 하지만 어디까지나 외국에서 만들어진 지수이므로 그 나라 아이들의 수준에 맞춰진 것이니 우리 아이의 집중듣기 책으로 맹목적으로 선정하지는 않았으면 좋겠다.

Q. 집중듣기의 단계는 어떻게 올리면 되나요?

집중듣기도 흘려듣기처럼 시작한 시기를 기준으로 생각한다.

첫 1년은 (AR 지수 1점대 초반) 몸풀기 시간이라고 앞서도 언급했듯 쉬운 책, 재미있는 책을 말한다. 이 시기에는 처음 시작이기에 한 페이지에 단어가 한 개나 두 개 정도 있는 것부터 한 줄 정도의 그림책이 주를 이룬다. 물론 한 줄이나 두 줄짜리 리더스 북도 함께 할 수 있다. CD에서 들려주는 소리와 단어를 맞춰가면서 그림에서 주어지는 단어의 의미를 유추해 가는 시간이라고 생각하면 된다. 이 기간에 아이가 보여주는 것은 거의 없다. 집중듣기를 했기에 읽어 나가는 책 권수는 늘어나지만, 그 책의 문장을 이해하거나 단어 하나하나의 뜻을 아는 시기는 아니다. 심지어 이 책에서 등장한 가장 기초적인 단어를 다른 책에서 등장해도 알아보지 못하는 것이 정상이라고 본다.

그러니 책을 읽어낸다고 해서 뜻을 물어보거나 발음을 체크하는 것은 그다지 권하지 않는다. 체크를 하기 시작하면 엄마의 마음도 불편해지고 조급해질 수 있다고 보기 때문이다. 또 아이도 스스로 자신이 알지 못하는 것을 느끼니 불안해지거나, 체크 당한다는 느낌이 불편해 엄마표 영어를 포기할 수도 있기 때문이다. 아이의 마음에 자신이 읽어내는 책 권수가 늘어날수록 영어는 '쉽다'라는 마음과 나도 영어책을 읽을 수 있다는 자신감만 주면 된다.

첫째 아이 때도 현재 둘째 아이도 단어의 뜻을 물어보거나 발음을 체크한 적이 거의 없다. 특히 집중듣기를 며칠 한 뒤 읽기 책으로 빼야 할지를 체크할 때는 더더욱 조심해가며 체크를 했다.

현재도 둘째 아이가 책을 읽어 나갈 때 나는 마치 행인 같은 느낌으로 들어만 준다. 그러다가 아이가 모르는 단어가 나와 주춤하거나 하면 "몰라도 돼. 당연한 거야. 그냥 얼마나 읽을 수 있는지만 보는 것이니깐 모르면 그냥 넘어가면 돼." 라고 무심히 내뱉는다.

그렇게 해서인지 처음에는 자신도 모르는 것이 있을 때 부끄러워하기도 했다. 또 혹시 엄마가 체크하는 것이 아닌가 하고 의심의 눈길을 보내기도 했다. 하지만 지금은 그런 부담 없이 스스로 읽으면서 "이 책은 읽기책으로 뺄래요, 이 책은 하루나 이틀 더 들어볼게요."라고 말해 주고 있다.

집중듣기 만 2년 차 (AR 지수 1점대 후반~2점대 초반) 아이는 1년 차와 그다지 차이를 보이지 않는다. 조금의 변화라면 집중듣기를 하는 책의 문장 수가 1~4줄 정도 늘어났을 뿐 여전히 문장을 해석하거나 단어의 뜻을 아는 것은 아니라고 보면 된다. 그러니 엄마샘은 불안해하지 않았으면 좋겠다. 그래도 1년을 넘겨 2년 차에 접어들면 알아보는 단어도 많아진다. 물론 아이에 따라 속도는 다르지만 말이다. 또 흘려듣기에서 들었던 단어와 책에서 등장하는 단어를 알아보는 힘도 커진다. 빠른 아이는 쉬운 그림책과 리더스 북은 살짝 문장을 해석해 내기도 한다. 느린 거북파인 둘째 아들이 2019년 11월 1일 첫 집중듣기를 하고서 만 1년이 될 시점이었다. 새로운 책을 뽑아서 집중듣기를 하려는데 그림과 글을 보고는 스스로 문장의 뜻을 유추해 보려고 하는 것이었다. 그리고 놀랍게도 비슷하게 유추해 내는 것을 보았다. 그래서 어휘력이 빠른 아이도, 느린 아이도 만 1년이 접어들면 그 시간이 헛되지 않음을 알게 되었다. 이렇게 2년 나는 이 2년을 엄마표 영어 습관의 황금기라고 말하고 싶다.

보이는 것이 없어 답답하게만 느껴지는 이 2년 동안 충분히 다져지고 나면 어느 순간부터는 화산이 폭발하듯 아이의 말문이 터지는 모습을 볼 수 있을 거라 믿기 때문이다. 이 황금기까지 아이의 손을 놓치지 않고, 아이의 걸음 속도로 기다려 주었으면 좋겠다.

집중듣기 만 3년 차 (AR 지수 2점대 후반~3점대 초반) 접어들면 아이가 보는 집중듣기 책은 그림의 비중이 거의 줄어들고 문장의 비중이 커진다. 그리고 집중듣기를 하지 않은 책들도 낮은 단계 책은 쉽게 읽어진다. 이제 엄마의 역할은 거의 끝나간다고 보면 된다.

단지 재미있을 법한 영상이나 책을 사거나 빌려주는 역할 정도이기에 옆에서 거들어 줄 뿐 해 줄 수 있는 것이 거의 없기 때문이다. 그런데 우리 부부의 경우 이 시기에 다시 많이 흔들렸었다. 2년 차 때처럼 낮은 단계 책들이라 매번 읽어내는 권수가 많은 것도 아니고, 편안하게 책을 해석해 나가는 것도 아닌 시기였기에 매번 의심스러웠다. 이렇게 하는 것이 맞는지, 이러다가 고학년이 되어 후회하는 것은 아닌지 하면서 말이다.

생각해 보면 엄마표 영어의 단계는 우리가 익숙한 계단 형식으로 올라가는 것이 아니었다. 쉽게 몇 계단 올라가는가 싶다가도 정체기가 몇 개월씩, 때론 거의 1년이 지속되기도 한 것 같다.

영어가 발전하는 느낌이 전혀 체감되지 않았기에 불안했던 것 같다. 뒤돌아보면 그럼에도 불구하고 꾸준히 했던 그 순간들이 쌓여서 어느 순간 책의 난이도도, 흘려듣기의 난이도도 훌쩍 뛰어넘었던 것 같다. 그러니 혹여 엄마표를 하고 계시는 분이 있다면 긴장을 늦추지 말자. 그리고 믿음을 잃어버리지 말자. 잘하고 있고, 잘해가고 있고, 잘할 것이라고 스스로 그리고 아이에게도 말해주며 앞만 보고 나아갔으면 좋겠다. 이렇게 되려면 만 2년이 되는 황금기를 잘 보내야 한다고 생각한다. 좋은 습관이 몸에 밸 수 있도록 말이다.

집중듣기 만 4년 차 (AR 지수 3점대 후반~4점대)가 되면 안정기에 접어들었다고 보면 된다. 이제는 흘려듣기도 자신이 보고 싶은 영화도 보면서 즐기고, 집중듣기도 웬만한 책들이나 챕터북은 재미있게 읽어갈 수 있는 시기이기 때문이다. 이때는 지금까지 가진 습관으로 아이가 주도적으로 할 수 있는 나이이기 때문에 엄마가 걱정을 살짝 내려놓아도 좋을 듯 싶다.

집중듣기 만 5년 차(5년 차부터 그 이상 완성단계 = AR 지수 4점대 후반~5점대 이상)가 되면 영어 실력이 껑충 뛰어올라 보고 싶은 소설을 편안하게 읽는 시기라고 본다.

엄마표 영어 하면 대부분 해리○○ 시리즈물 등을 편안하게 읽어 나가기 시작하면 거의 완성했다고 보는 경향이 있는데 이 시기라고 본다.

물론 이렇게 나눠 놓았지만 절대 정답은 아니다. 매번 언급하듯이 아이마다 조금 더 빠른 아이가 있고, 조금 더 느린 아이가 있기 때문이다. 천천히 아이 단계에 맞는 책을 최대한 많이 접할 수 있게 해 주었으면 좋겠다.

Q. 사이트 워드는 어떻게 이용하나요?

사이트 워드가 무엇인지부터 알아본다면 다른 말로 〈High Frequency Words〉로 영어 문장에서 자주 등장하는 단어라고 생각하면 된다.

이 사이트 워드는 파닉스 규칙에서도 벗어나기에 따로 알아두면 아이에 따라 유용한 측면도 있다. 왜냐하면 아이들이 보는 책의 50~70%를 차지한다고 할 만큼 등장 빈도가 높은 단어들로 되어 있기 때문이다. 예를 들면 the, he, of, and, a, to, in, is, was, for 같은 단어들을 말한다. 그래서 집중듣기를 할 때 익숙한 단어가 많으면 아이가 조금은 더 쉽게 적응할 수 있을 거라 본다. 말과 글이 거의 일치하거나 비슷한 우리나라 말에 비해 영어는 그렇지 않은 부분이라 자주 사용하는 단어들의 리스트를 정해 두었다고 보면 된다. 이 사이트 워드는 미국 아이들은 초등학교에 가서는 따로 배운다고 한다. 처음 약 220개의 이 리스트를 만든 사람은 미국의 돌치 박사 (E.W.Dolch)이고, 나중에 조금 더 추가되어 늘어난 것으로 알고 있다.

그리고 다른 학자도 더 많은 리스트를 만든 것도 있지만, 개인적으로 필요하다면 돌치 박사의 220개 정도만으로도 충분하다고 본다. 사실 첫째는 이 사이트 워드가 필요 없었다. 그런데 거북파라고 부르는 둘째는 달랐다. 1년이 다 되어 가는 어느 날 평소 읽고 있던 책의 단어들을 제대로 알아보는지 테스트하다가 필요함을 느끼게 된 경우였다. 의도한 것은 아니었지만 말이다. 둘째는 '아니, 이 단어는 여기저기 등장하지 않는 곳이 없는데 어찌 모를 수가 있어?'라고 답답해할 정도로 단어를 알아보지 못했기 때문이었다. 한마디로 테스트 후 둘째를 향한 엄마의 정신을 제대로 유체 이탈시켜준 아이였다.

그래서 지금까지 본 책 속에서 사용 빈도가 높은 단어들을 골라 만들어 주려고 생각하다 사이트 워드가 존재함을 뒤늦게 알은 영알못 엄마였다. 그러니 집중듣기를 한 뒤 책을 읽어낼 때 다른 책에서 같은 단어가 등장해도 잘 알아보는 아이라면 상관없겠지만, 그렇지 않은 아이라면 가끔 노출해주는 것도 좋을 듯하다.

인터넷에 사이트 워드를 검색만 해도 어떤 단어들이 있는지 알려주는 곳도 많다. 심지어 카드 형식이나 쓰기 방법 등 판매도 다양한 방법으로 하고 있으니 참고하면 좋을 듯하다.

개인적으로 둘째를 위해 사이트 워드를 따로 찾아 워드 작업으로 만들기도 했지만, 며칠 정도만 하고 말았다. 엄마의 귀차니즘과 2년이 안 되었으니 아이를 믿고 싶은 마음이 더 강하기도 해서이다. 하지만 만약 언젠가 필요하다면 사이트 워드로 카드놀이를 하며 아이와 함께 놀아볼 생각이다. 아이가 둘 이상인 집의 엄마가 늘 하는 말 중 하나가 "어찌 같은 배 속에서 태어났는데 저렇게 다르냐?" 라고. 그런데 아이러니하게도 이 부분이 엄마표의 장점인 것 같다. 이렇게 아이마다 다르니 어떤 부분은 적용해보고, 또 어떤 부분은 빼도 되는 엄마의 융통성을 개별 아이에게 맞게 마음껏 발휘할 수 있는 장점 말이다.

Q. 집중듣기 하기 가장 좋은 시간은 언제일까요?

엄마와 아이의 시간 중 가장 편안한 시간을 잡았으면 좋겠다. 엄마표 영어를 하시는 분 중에서는 워킹맘도 계시고, 전업주부도 계시고, 시간제로 일을 하시는 분도 있을 것이다. 그럴 때 엄마가 매일 집중듣기 할 시간을 미리 정하는 것은 어떨까 하고 권해보고 싶다.

처음 둘째와 집중듣기 할 시기에 나는 더 이상 전업주부가 아니었다. 그래서 저녁을 먹고 정리한 뒤 9시쯤 했었다. 하지만 아이도 나도 체력적으로 힘들었고 집중력에도 한계가 왔었다. 특히 새로운 일을 하게 되었던 엄마인 내가 아이보다 먼저 지쳤다.

그러니 집중듣기를 엄마와 함께해야 하는 시기라면 엄마도 아이도 가장 편안할 시간을 찾아보면 어떨까 권하고 싶다. 엄마의 하루 일정 속에 바쁜 일을 제하고 난 뒤 가장 먼저 집중듣기를 하면 좋겠다. 그렇다고 매일 8시는 무조건 집중듣기 하는 시간이야라고 말하는 것은 아니다. 왜냐면 엄마의 일상이 매일 같은 듯하지만, 더 중요한 일들이 생기고, 외출 계획도 생기니 말이다. 그러니 그날 하루 일정에서 엄마가 아이의 시간과 자신의 시간을 살펴보고 그날그날 집중듣기 할 수 있는 시간을 정해 아이와 시간을 공유했으면 좋겠다. 너무 늦은 시간이라 아이가 지쳐있을 때가 아닌 시간으로 말이다. 홈스쿨링을 할 때 가장 신경 써야 할 부분은 부모의 일정 때문에 아이의 학습 일정이 뒤로 밀리는 경우인 듯하다. 나 또한 엄마이기에 그러한 경우가 많았다. 그래서 아침이면 하루 계획을 세우기 시작했다. 시간 단위로 계획을 세우면서 둘째와 엄마표 영어를 하거나, 문제집을 풀거나 하는 시간을 포함했다. 그리고 둘째도 2학년이 되면서 하루 계획을 세우는 연습을 시작했기에 엄마의 계획 중 아들과 함께해야 하는 시간을 알려주었다.

그러면 둘째의 계획에 엄마의 시간이 공유되면서 계획이 실천으로 이뤄지는 경우가 점점 늘어났다. 엄마표 영어는 아이가 학원에 가는 것처럼 정확하게 정해진 시간이 없기에 여기서도 불리한 듯하다. 하지만 단점이 다시 장점으로 전환되려면 아이와 함께 시간 계획만 잘 세워도 학원에 가고 오고 하는 자투리 시간을 다 남길 수 있으니 속된 말로 남는 장사 아닌가 싶다. 거기에 아이가 스스로 계획을 세우는 습관까지 가지게 된다면 일

석이조, 도랑 치고 가재 잡는 격 아닌가 싶다.

Q. 집중듣기 할 때 모르는 단어는 알려줘야 하나요?

대부분 영어 하면 단어를 외우고 그 뜻을 사전에서 찾아 함께 알아가는 것이라고 본다. 그런데 엄마표 영어의 집중듣기는 조금 다른 방법이라고 말하고 싶다.

처음에 많이 보게 되는 영어 그림책에서 시작하는 집중듣기는 이러한 방법으로 아이가 단어를 알아간다고 생각한다. 예를 들면 문장이 낮은 단계 즉 문장이 한 줄 정도의 책을 음원 소리에 맞춰 여러 번 반복해서 듣게 되면 어느새 아이가 단어를 읽을 수 있게 된다. 그 뒤 그림을 보면서 그 단어가 어떤 뜻인지 유추해 나가는 것이다.

다행히 보고 있는 흘려듣기에서 그 단어가 등장하면 아이는 "아!" 하고 더 명확하게 알 수 있는 것이다. 반대로 아이가 궁금해할 때마다 단어의 뜻을 알려주게 되면 그 순간은 아이가 시원한 정답으로 편안할 수 있겠지만 지속해서 알려주게 되면 단어의 유추 능력이 떨어진다고 본다.

나의 경우는 둘째와 함께 집중듣기를 할 때 궁금한 단어가 많았다. 그래서 순간을 참지 못해 지나가는 큰아들이나 남편에게 물어본 적이 있었다. 속은 너무나 시원했지만, 시간이 지나면 그 뜻을 대부분은 다 잊어버렸다. 즉 쉽게 얻어진 정보는 잘 잊힌다는 것이다. 그렇게 물어서 알게 된 단어를 학습적인 방법처럼 따로 쓰면서 외우지 않으니 당연한 결과일 수도 있겠지만 말이다. 가끔 꿈이들 엄마쌤들께서 질문하면 나는 이렇게 말한다.

"어느 날 아이가 낮은 단계 그림책으로 집중듣기를 합니다. 그 그림 속에는 빨간 사과도 있고, 노란 배나 주황색 감도 탐스럽게 주렁주렁 달린 그림이라고 가정한다면 말입니다. 이때 아이가 집중듣기를 통해 사과(Apple)를 음과 함께 듣고 읽을 수는 있게 되겠지만, 그림 속 나무의 열매 중 어떤 것이 사과인지는 아직 잘 모를 겁니다. 단지 사과나무와 감나무의 감이 사과일 거라 추측을 해나가는 과정에서 흘려듣기를 합니다. 그런데 영상 속 주인공이 사과 하나를 따서 맛있게 먹으며 'Apple'하고 말하는 순간 아이 머릿속에는 이제 그 단어와 의미가 퍼즐처럼 맞춰지는 것입니다. 또는 이 책에서 본 사과가 조금 더 명확하게 그려져 있는 다른 책을 통해서 사과라는 것을 알게 되는 것입니다"라고 말이다.

이러한 방법을 통하기에 엄마표 영어는 학습적 접근보다는 보이는 것이 느릴 수밖에 없는 것 같다. 하지만 이 모든 과정이 매일 꾸준히 어우러져 엄마표 영어의 황금기인 만 2년이 지나면 그때부터는 아이에 따라 폭발한다고 말하는 것이다.

이렇게 꾸준한 습관과 노력으로 시간이 지나면 몇백 페이지가 넘는 책을 손에 쥐고도 사전 없이 쭉쭉 읽어 나가는 마술 같은 일이 일어난다고 말해주고 싶다.

하지만 이 부분에서도 조금의 융통성이 필요한 경우도 있다고 본다. 어떤 아이는 알려주지 않아도 잘 할 수 있고, 어떤 아이는 조금씩 살짝살짝 알려줘 답답함을 뚫어줘야 하는 부분도 있으니 말이다. 아이가 단어의 뜻을 질문하기 시작한다는 것은 영어의 의미를 느끼고 싶거나, 궁금증이 생긴 시점이라고 생각할 수 있어 좋은 현상이라고 본다. 오늘의 아이 모습보다 꾸준함으로 단련된 습관 근육이 빵빵해져 있을 아이 미래의 모습을 믿어주고 싶어서이다. 여기서 한 가지 유념해 주었으면 하는 것은 아이를 믿는다고 마냥 아이 혼자 읽게 하고, 엄마는 뒷짐을 지고 있으라는 의미는 아니다. 간혹 어떤 느낌인지, 새롭게 알게 된 것은 있는지, 어떤 내용 같은지 질문도 살짝살짝 해 보면서 아이가 그저 생각 없이 눈으로만 책을 보지 않게 해 주었으면 좋겠다.

Q. 아이와 사이가 나빠졌어요

엄마표 영어를 하면서 '아이와 사이가 나빠졌어요.' 라는 말을 들어본 적이 있다. 나의 경우엔 첫째랑 함께 할 때 거의 1년 조금 넘는 시간 동안 그러했던 것 같다. 이 실패의 경험에 대해 앞서 내용에서도 나왔지만, 아이도 엄마도 엄마표 영어에 대해 잘 모르고 단계만 높이려고 했고, 욕심을 부려 서였다. 하지만 그 욕심을 버리고 아이에게 맞게 보조를 맞추는 순간 엄마표 영어 때문에 사이가 나빠진 경우는 그다지 없었던 것 같다.

혹여 집중듣기나, 영어책 읽기를 할 때 아이가 부담될 수 있게 체크한 건 아닐까?

아이가 여러 번 본 단어를 알지 못한다고 야단친 것은 아닐까?

빨리 성과를 얻고 싶어 온종일 영어에 대한 부분만을 언급하는 대화를 많이 한 것은 아닐까?

엄마표 영어 이전에도 아이와 엄마의 대화가 적었던 부분은 없지 않았을까?

엄마표 영어를 시작할 때 아이에게 충분히 설명하고 함께할 시간, 계획 등을 짜지 않고 엄마가 통보하듯이 밀어붙인 건 아닐까?

나처럼 아이의 단계를 무시하고 계속 새로운 것을, 아이가 힘든 책등을 소개하고 읽게 한 것은 아닐까?

스스로 질문을 통해서 어떤 부분이 문제이고, 그 문제를 바로잡을 방법은 어떤 것이 있는지 곰곰이 생각해 보면 어떨까 싶다.

어떤 것이 되었던 엄마표 영어는 아이와 엄마가 한 팀이 되어야 하는 것이기 때문이다. 함께 해야 하므로 지나치게 느슨해서도, 지나치게 조여서도 안 되는 것, 즉 융통성이 아주 많이 필요한 부분이기에 하는 말이다.

아이와 함께 진행하면서 엄마와 협력하고 조율하는 것을 배운 아이는 아이가 살아가면서 장점으로 승화시킬 수도 있다고 본다. 왜냐하면 우리 아이들이 성인이 되기 전 긴 시간을 누군가와 협업하는 것을 배우는 것 또한 엄마표 영어라고 말해 주고 싶기 때문이다. 이 시간 동안 아이는 협조하고, 조율하고, 때론 협상하는 법까지 엄마표에서는 가능하다고 생각한다. 그러니 엄마가 스스로 질문을 던져볼 시간이다. '왜 아이와 사이가 나빠졌을까'라고 말이다. 엄마표 영어 때문인지, 아니면 다른 무엇 때문인지 말이다. 질문의 힘은 질문을 하면서 생각하게 되고, 그러면서 정답이 아니라도 많은 해답을 찾아갈 수 있는 강한 힘이 있다고 생각한다.

질문을 해보자 왜인지 말이다.

Q. 도서관에 가면 어떤 책을 선정해야 할지 모르겠어요

이 글을 보시게 되면 피식하고 웃을 수 있는 나만의 팁일 수도 있다. 처음 엄마표 영어를 알았을 때 어느 것이 좋은 책인지 알 수가 없었다. 그래서 여기저기 인터넷에서 유명하다고 소개한 책 제목을 적어서 도서관에 갔었다. 나도 남편도 한 시간, 두 시간을 둘러보며 겨우 몇 권을 빌려오는 게 다였다. 책이 대여된 경우도 있었지만, 더 큰 이유는 책을 찾는 게 익숙지 않아 한 권을 찾는 데 10여 분 가까이 걸리기도 했다. 때로는 결국 인내심의 한계에 부딪혀 포기한 책도 있었다. 그렇게 매주 때론 2주마다 도서관에 가다 보니 시간 대비 효율성이 너무나 떨어졌고, 아이의 집중듣기 책은 필요했기에 쫓기는 마음마저 들었다. 그렇다고 모든 책을 다 구매할 수 있는 여건은 되지 않으니 언젠가부터 남편과 나는 우리도 모르게 주먹구구식 노하우가 쌓였다.

단어의 수나 문장의 수를 보고 도서관에 가서 비슷한 수준의 책을 빌렸다. 말하자면 도서관에 가서 영어책 표지를 보고 내용을 훑어서 그 정도 문장 수준의 책을 모두 다 빌려볼 때까지 빌려줬다는 것이다. 그러면서도 아이가 너무나 좋아하는 시리즈는 보고 또 봐야 하니 중고로도 구매해 주었고 때론 새 책으로도 구매해 주었다. 처음부터 의도하진 않았지만, 점점 책을 빌리는 시간이 줄어들었다. 또 눈에 자주 보였던 책들은 '어느 시기쯤이면 아이가 이 책으로 집중듣기를 할 수 있겠구나'하고 아이가 볼 수 있는 시기도 간파되기 시작했다.

그리고 도서관을 자주 찾다 보니 책 보는 눈도 길러지는 것 같았다. 즉 책의 내용을 알지는 못했지만 그림과 표지에서 느껴지는 느낌도 알게 되어서 아이에게 보여주었을 때 실패 확률도 점점 줄어들었다.

생각보다 간단한 방법이고 주먹구구식 방법이지만 둘째를 위해 도서관에 가는 지금도 이렇게 빌리고 있다. 물론 AR 지수나 렉사일 지수를 잘 아는 엄마라면, 그리고 도서관에서 책 대여하는 부분이 쉬운 엄마라면 추천하고 싶지 않지만 말이다.

하지만 나처럼 뭐가 뭔지 잘 몰라 답답한 경우라면 단어와 문장 수로도 아이에게 빌려주고 아이의 반응을 살펴보는 것도 하나의 방법일 수도 있다고 본다. 단 앞서도 언급했듯이 아이가 보는 수준의 책을 '도서관에서 더 이상 빌려줄 수 없다'라고 할 정도로 충분히 본 뒤 다음 단계로 넘어가면 좋을 듯하다.

Q 엄마표를 하려니 시간이 부족해요

엄마표 영어를 선택했다면 그 선택에 집중했으면 좋겠다. 아이가 활동하는 하루의 시간은 정해져 있다. 학교를 갔다 오고 난 뒤 혹은 학원에 간다면 그 학원을 갔다 온 뒤 아이에게 주어진 시간을 점검해 보자. 시간뿐만 아니라 아이가 느낄 체력적인 한계 또한 말이다. 밖에서 모든 에너지를 쏟고 집에 온 아이가 또 다른 무언가를 할 에너지는 남아 있을까? 하고 생각해 보았으면 좋겠다. 그렇게 에너지를 쏟고 온 아이에게 엄마표 영어를 위해 1시간 30분 또는 2시간을 내라고 하는 것은 엄마의 욕심 아닐까 싶어서이다.

지금 아이가 하는 활동들이 정말 꼭 필요해서인지, 그 나이 그 학년이면 옆집도 하고, 뒷집 아이도 하니 해야 할 것 같아서 하는 건지 잘 살폈으면 좋겠다.

나는 첫째 아이도, 둘째 아이도 엄마표 영어의 환경을 만들어 주고, 아이가 피곤해하지 않도록 사교육에서 시간을 줄일 수밖에 없었다. 대신 학교에서 충분히 배우고 놀 수 있게 방과 후 활동을 활용했다. 첫째 아들은 방과 후 활동으로 마술이나 로봇, 우쿨렐레 등 아이가 배우고 싶은 것 위주로 해주었다. 저학년엔 학교에서 충분히 방과 후 수업을 하고 집에 와도 2시를 넘지 않는 날이 많았다. 또 고학년이 되어서도 3시, 어떤 날은 3시 30분쯤 집으로 왔다. 그렇게 집에 와서 간식을 먹고, 쉬고 난 뒤 엄마표 영어를 했다. 큰아들의 첫 학원이라면 태권도를 영어가 자유로워진 초등학교 6학년 2월에 갔으니 말이다.

둘째 아들 또한 방과 후 수업 활동을 적극 활용 중이다. 자신이 배우고 싶은, 놀고 싶은 것 위주로 말이다. 즉 탁구, 우쿨렐레, 주산같이 아이가 원하는 것을 배우게 해주고 있다. 그래서인지 집에 돌아와서 엄마표 영어를 할 때도 조금은 여유 있게 할 수 있었던 것 같다. 혹여 둘째나 셋째가 있는 집은 첫째 아이가 엄마표 영어 중 특히 집중듣기를 할 때 시간을 잘 확보했으면 좋겠다. 전업주부라면 동생이 어린이집에 가 있거나 할 때 첫째가 오면 저녁 반찬 준비나 청소보다 우선순위로 아이와 집중듣기 정도라도 마쳤으면 좋겠다. 만약 어린이집에 가지 않는 동생이 있다면 동생이 잠들었을 때나 동생이 영상을 볼 때 집중듣기를 하는 식으로 말이다. 또는 동생에게 설명하여 협조를 구한 뒤 첫째와 집중듣기를 하면 어떨까 싶다.

Q. 영어책 읽기 목표 권수 이야기할 때는

집중듣기를 한 지 10일이나 20일쯤 되면 읽을 수 있는 책이 몇 권 생기게 된다. 그때부터 아이에게 100일의 목표 일을 정해서 책 읽기 도전을 시켰다. 첫째와 둘째 아들 모두 첫 100일 목표는 300권부터였다. 그리고 두 번째 도전까지 300권 영어책 읽기를 하여 읽기를 만만하게 만든 뒤 완성 단계까지 500권 읽기를 꾸준히 했다. 물론 언제나 그 100일에는 한글책도 포함되었다.

한글책은 영어 그림책보다 문장 수가 제법 있기에 300권, 500권은 무리였다. 그래서 250권이나 200권 정도, 그러다가 아이가 고학년일 때는 100권까지 책 두께에 따라 달리하였다. 대신 책 권수가 줄어들 때는 독서록을 병행하며 생각을 확장 시키는 연습도 가끔 해 보게 했다.

어쨌든, 아이에게 100일 동안 300권을 읽어야 한다고 하면 아이의 동공은 우주 저 멀리까지 갈 것이다. 아이의 입장으로 보면 태어나서 영어책 300권을 100일간 읽은 적이 없었을 것이기에 스스로 읽기 힘들다고 생각하는 것이 당연하지 않을까 싶다. 그런 아이에게 나는 이렇게 설명했다.

"있잖아 아들! 영어책 솔직히 한 권 읽는 데 1분도 안 걸리지, 또 조금 두꺼워도 2분 정도지"라고 하면 아이는 머리를 끄덕였다.

"그럼 1분 걸려서 하루에 10권 읽으면 10분, 2분 걸려서 하루에 10권 읽으면 20분 정도 시간을 내면 되는데 어려울까?" 라고 하면 아이는 잠시 생각하다가 "아니요." 라고 답했다.

"그럼 우리 300권 읽기가 정말 불가능한지 생각해 보자. 하루에 10권씩 읽는다면 10일이면 100권 30일이면 300권이네. 어라 100일이 아니라 30일이면 300권 다 읽을 수 있는데 그것보다 더 긴 100일이면 읽을 수 있지 않을까?" 하고 아이가 눈에 보이도록 설명해 주었다.

이렇게 설명하면 아이도 해 볼 만한 도전인 것으로 받아들이는 듯하였다. 그래서인지 영어책 읽기를 힘들어하지 않았다. 한 번 두 번 성공하면서 아이는 자존감도 올라가고 스스로 '나도 할 수 있다'와 '300권이 아니라 500권도 아무것도 아니네'라고 생각하기 시작하기도 했다.

성공의 경험이 쌓인 아이는 나중에 엄마표 영어가 아닌 어떤 일을 도전해도 이겨 낼 힘이 생길 것이라 믿는다. 왜냐하면 아이가 자신을 믿기 시작하기 때문이다. 이 부분이 어쩌면 영어 완성보다 더 큰 소중한 경험이자 엄마인 내가 아이에게 주고 싶은 부분이기도 하다.

Q. 쓰기를 해야 할까요?

큰아들은 사실 쓰기라고 할 만한 것을 많이 하지 않았다. 아이를 너무 믿은 것일까? 하는 생각도 해보았지만, 처음부터 자유롭게 책을 읽을 때까지는 강요하지도, 체크하지도 않는다는 약속을 무의식중이라도 지키려 했던 것 같다.

중학교 2학년을 앞둔 겨울 방학에서야 아들의 손을 붙잡고 서점으로 갔다. 그리고 가장 기본적인 중1 문법이 적용된 EBS 문제집을 샀으니 늦어도 너무 늦었다고 말한다면 할 말 없지만 말이다. 하지만 학교 진도에 맞춰 쓰기도 하고 문제도 풀면서 기술적인 면은 배워가면 되는 것이라 생각했다.

ⓐ 알파벳과 단어 써보기

둘째는 큰아이와 다르게 알파벳 A, B, C, D도 알지 못하고 엄마표 영어를 시작했다. 그래서 3학년 땐 학교에서 영어를 배우기에 알고 넘어갔으면 하는 욕심에 〈단어 찾기 게임〉이란 것을 만들었다. 집중듣기를 10개월 이상 하였고 읽을 수 있는 책이 많았기에 한 달에 10개만 같은 단어를 찾아보자며 말했다.

이 게임을 설명하자면 아이가 보는 낮은 단계에서는 중복되는 단어들이 특히나 많다. 거기에서 착안한 것이라고 보면 된다. 가령 사자〈Lion〉

란 단어가 있다면 현재 읽고 있는 많은 책이 있을 것이다. 그중 적어도 두 권의 책에서 찾아내는 게임이다. 이렇게 찾아지게 되면 자기만의 단어 노트에 두 권의 책 제목과 찾은 한 단어를 적는 방법이다.

처음에 둘째의 노트를 보았을 땐 '빵' 하고 목덜미를 잡고 쓰러지듯 웃기도 많이 했다. 이건 뭐 책 제목과 단어를 쓰는 건지 따라 그리는 건지 지렁이 10마리가 소풍 나온 것처럼 적어놓았기 때문이었다. 어쨌든 노트에 적힌 단어들은 또다시 아주 큰 전지에 자기가 적고 싶은 색깔로 적어서 베란다 중문에 붙여 두었다. 오며 가며 보라는 의미도 있지만, 전지가 가득 채워졌을 때 아이가 느낄 자존감을 키워 주기 위함이기도 했다. 아이가 단어를 쓰다 보면 눈으로만 본 것과는 다르게 'b','d' 등 소문자가 다르게 적혀진다는 것도 알게 되고, 대문자도 있고 소문자도 있다는 것을 자연스럽게 알게 되기도 했다. 하지만 이 또한 엄마표 영어를 시작한 지 얼마 되지 않은 시기가 아닌 최소 1년 이상 했을 때, 아이가 단어 찾기에 부담이 없을 때쯤으로 권하고 싶다.

이 또한 아이마다, 가정환경마다 필요 없는 경우가 대부분일 거라 보지만 말이다.

ⓑ 문장 쓰기

큰아이가 4학년 말에서 5학년 초에 잠시 해 본 적이 있는 방법이 있다면 문장 따라 쓰기였다. 아이가 현재 보고 있는 원서 책을 따라 적어보게 했다. 그림책 하브루타 독서법을 막 시작한 시점이었기에 그림책을 보다가 문득 든 생각 중 하나였다. 원서 책을 보면서 기억에 남는 좋은 문장이

나 생각해 볼 부분이 있는 문장 즉 필사하고 싶은 문장을 찾아서 써보라고 권한 적 있다.

전혀 모르는 문장을 창작하기보다는 익숙한 문장을 적어보는 것, 눈에 익힌 문장을 쓰는 것이 아이가 덜 힘들어할 것 같아서였다. 남자아이라 그런지 5개월도 채 쓰지 않고 귀찮아해서 그만둔 방법이었지만 둘째와는 문장을 쓸 시점이 되면 엄마와 함께 찾아서 적어볼 생각이다.

아이가 엄마표를 시작한 지 만 3년 이상이라면 아주 쉬운 그림책에 나오는 문장을 써보게 하는 것을 권하고 싶다. 또 자주 읽은 문장에서 익숙하거나 외워진 한 문장을 한번 보고 따라 쓴 뒤, 보지 않고 다시 써보게 해서 비교해 보는 것이다. 그러면서 틀린 스펠링을 바로잡고 바뀐 문장을 체크해 가며 눈으로 보는 것과 직접 적었을 때의 오차를 바로잡을 수 있을 거라 생각한다.

체크할 때는 엄마가 체크해 주기보다는 처음에는 엄마랑 아이가 함께 틀린 단어를 찾았으면 좋겠다. 그러면 아이도 스스로 체크해 가면서 조금 더 정확하게 알아가는 과정이 되지 않을까 싶다. 문장을 적을 때는 소리를 내면서 써보게 해도 되고, 아이가 소리 내어 쓰는 것을 내키지 않아 한다면 그냥 써보게도 해도 될 듯하다.

ⓒ 아이가 중급 이상 (만 4년 이상)이라면 노트를 반으로 접어 한쪽엔 한글로 적고 반대쪽엔 영어로 적게 해 보는 것도 좋을 듯하다. 큰아이가 이 방법과 영어 일기 쓰기를 잠시 했는데 사실 엄마가 영알못이라 영어로 적혀진 것이 바르게 쓴 것인지 알아보지 못했다. 그래서 제대로 칭찬도 하

지 않고, 적극적이지 않아서인지 얼마 지나지 않아 아들도 흥미를 잃어 갔다. 지금 생각해 보면 인터넷에서 번역기를 돌려 체크할 수도 있었는데 그땐 왜 그 생각을 못 했는지 이럴 땐 기계랑도 친하지 않은 엄마라 아이에게 아주 미안할 따름이다.

하지만 이 방법을 적용하면서 아이는 영어 문장을 쓰는 것에서 오는 어려움과 부담감을 조금은 내려놓은 듯 보였다.

ⓓ 고학년 이상 완성단계로 가는 아이는 독서 노트를 활용해 보는 것도 좋을 듯하다. 자기가 그날 본 책의 제목을 쓰고 마음에 드는 문장을 한 단락씩 써보게 하는 것이다.

만약 아이가 영작이 가능할 정도로 잘 쓰게 된다면 그 문장이 왜 마음에 들었는지 생각해 보고 적는 방법이다. 또 영어신문을 구독하는 집이라면 아이가 좋아할 만한 부분을 스크랩해서 그 문장을 아이가 따라 써보게 한 뒤 뉴스에 대한 자기 생각도 조금씩 적어보게 하는 방법도 있다. 한글신문도 그렇고, 영어신문도 그렇고 글쓰기에서 가장 모범적인 글쓰기 방법의 하나가 신문 사설이라는 말도 있으니 말이다. 한글이 안된다면 한글신문으로, 영어 문장 쓰기를 원한다면 영어 신문을 활용해 따라 쓰면서 먼저 보완해 가는 방법도 좋을 듯하다. 더 확장할 수 있는 것은 영어로 일기쓰기도 있고 한글로 독서록을 작성하고 그 밑에 영어로 번역해 보는 것도 권하고 싶다. 영어 일기 쓰기 방법 등은 시중에 책으로 많이 나와 있으니 처음부터 바로 쓰라고 하기보다는 좋은 책을 사서 모방부터 해 보는 것도 좋을 듯하다.

사실 영작 실력은 아이의 한글 독서록 작성을 보면 알 수 있다고 본다. 한글로 독서록을 한 줄, 두 줄 또는 길게 적었지만, 앞뒤 문맥이 맞지 않는다면 영어 글쓰기를 하면서 한글로 쓴 실력을 뛰어넘는다는 것은 정말이지 어렵다고 보기 때문이다.

그렇다면 한글책을 보고 글 쓰는 연습을 더 많이 시켜서 영어 완성으로 갈 때 써보게 하는 것이 더 효과적이지 않을까 싶다. 조금 더 욕심을 부려서 쓰기도 완성해 보고 싶다면 시중에 있는 쓰기 교재를 구매해 아이가 천천히 따라 해 보는 방법도 있을 것이다. 하지만 이곳에 나온 모든 방법은 엄마표 영어를 한지 적어도 만 3년 이상 지났을 때, 충분히 엄마표 영어의 습관이 자리 잡혔을 때 하면 좋겠다. 처음부터 쓰기를 시도하거나 얼마 지나지 않아 쓰기부터 한다면 영어에 대한 흥미를 아이로 하여금 잃어버릴 수도 있다고 보기 때문이다. 만약 그렇게 되면 엄마표 영어 본래 목적을 잃을 수도 있지 않을까 해서이다.

돌이켜 생각해 보면 큰아들은 쓰기를 제대로 해 본 적이 없다. 거기다 문제집 한 권도 풀어본 적이 없어서 어느 정도 실력일까? 하는 의구심은 늘 있었다. 하지만 생각해 보면 한글책을 잘 읽고 말을 잘하는 아이라도 초등학교 1학년이 되어 국어 문제를 풀 때 늘 백 점을 맞기는 힘들 것이라고 본다. 그리고 받아쓰기를 해보면 많이 틀려 오기도 한다. 큰아들은 그 과정을 제대로 거치지 않았기에 중학생이 되어서야 문법을 배우고, 쓰기를 배우고 있다. 다소 늦은 감이 있는 것은 사실이다.

하지만 쓰기를 너무 강요해서 영어를 싫어하게 되었다면 그것이 더 늦은 것이 아닐까? 하는 생각도 하였기에 내심 지금 실력만으로도 감사해

하고 있는 것은 사실이다. 적어도 600페이지가 넘는 영어 소설을 너무나 재미있게 보고 있는 아이기에 학교에서 문법과 쓰기에 대한 스트레스는 생각보다 크지 않을 것이라 보기 때문이다. 아이마다 다르니 어떤 아이는 찬찬히 지도하면서 갈 수 있는 아이가 있다. 또 어떤 아이는 욕심이란 욕심은 다 내려놓아야 하는 아이도 있다. 그러니 엄마표 영어 중에서도 가장 좋다고 생각하는 방법 하나만이라도 아이 손에 쥐여줄 수 있었으면 좋겠다. 당부드리고 싶은 말이 있다면 쓰기 지도를 한다면 지적보다는 칭찬을 먼저 해 주었으면 좋겠다. 글이 엉망이라도, 쉬운 단어 스펠링이 마구마구 틀렸어도 글을 적어보려 시도하고 노력하는 아이에게 칭찬을 더 많이 해주길 바라기 때문이다. 칭찬하려고 해도 틀린 것이 많아 야단부터 칠 것 같으면 쓰기를 아예 하지 않는 방법도 권하고 싶다. 쓰기는 영어를 읽고 말하고가 되면 아이 스스로 할 수 있는 방법도 있고, 아니라면 아주 칭찬에 능한 그리고 글을 잘 적게 할 수 있는 실력 있는 선생님이 우리 주위에 너무나 많기에 도움을 잠시 받으면 되기 때문이다.

그 어떤 것보다 아이의 마음에 주눅이 들어 영어를 싫어하게 만드는 일은 없었으면 해서이다.

Q. 독박육아라 할 수 있을까요?

영어 환경을 만들어 주는 것이 힘든 가정도 분명히 있다고 생각한다. 아이 혼자 습관이 잡혀서 "엄마표 영어 다 했니?" 라고 질문하기 전까지는 힘든 경우도 많다는 것도 잘 안다. 소위 독박 육아를 하는 집일수록 그러할 것이다. 큰아이가 엄마표 영어를 한 지 1년 정도 접어들었을 때 아이 아빠가 6개월 정도 집을 비운 적이 있었다. 그리고 둘째를 본격적으로 할 때도 아이 아빠는 거의 1년 7개월 정도 집을 비웠었다. 비우고 싶어서 비운 것은 아니었지만 엄마표 영어를 본격적으로 해야 했기에 힘이 많이 들기도 했다. 갑자기 워킹맘으로 변해서 일도 해야 했고, 아이 둘도 돌봐줘야 했다. 사교육 없이 키우는 집이었기에 남편과 함께해온 모든 것이 혼자의 힘으로 하려니 힘이 많이 들었다. 힘들어서 쉬어가고 싶거나 미루고 싶을 때도 있었다. 어느 날은 밥 먹을 힘조차 없어 아이들 밥만 챙겨 주고 애들보다 먼저 쓰러져 잔 적도 있었다. 그렇게 내가 힘들다고, 남편을 원망한다고, 시간을 멈추고 싶다고, 아이의 시간이 멈추어지는 것이 아니었다.

엄마의 마음을 다잡은 것은 아이의 시간이었다. 그즈음부터 첫째 아이와 진행했을 때 느끼지 못했던 직장맘으로서 아이들과 엄마표 영어를 해온 모든 분이 더더욱 존경스러워지기 시작했다.

'어찌했을까?', '어떻게 감당했을까?', '어떤 마음이었을까?' 하면서 말이다.

나는 엄마란 이름으로 살 거로 생각지 못했다. 사랑하는 사람을 만나고 아이를 낳고 어느 날 속싸개에 쌓인 아이를 안아서 그 눈빛을 바라보는 순간 엄마가 되어있었다. 그리고 엄마란 이름으로 감당해야 할 일들도 점점 늘어났다. 그중 이 엄마표 영어란 녀석이 떡 하니 내 눈에 띄어서는 내게 질문을 해대기 시작했다.

'할 수 있을까?', '해야 하나?', '다른 사람은 다 되어도 난 못할 것 같아?' 하면서 갈등까지 주었으니 말이다.

그런데 '해보세요.' 라고 권하고 싶다. 물론 모든 가정환경을 알지 못하기 때문에 조심스럽게 권하는 것이다. 엄마표가 최고예요, 엄마표가 정답이라고 말하는 것이 아니다. 내 가정의 환경, 내 아이의 환경에 맞게 학교에서, 학교 방과 후에서, 학원에서, 개인 과외로 어디든 아이에게 가장 맞는 것을 찾아 주자고 말하고 싶은 것이다. 그럼에도 불구하고 엄마표 영어를 선택했다면 우리 아이가 습관이 잡히는 그날까지 힘을 내면 어떨까 하고 응원하고 싶은 마음에서이다.

엄마라는 또 하나의 이름을 가진 우리에게 '너무 잘하려고 하지 말았으면 좋겠어요'라고 말하고 싶다. 이 생에 엄마라는 이름이 처음이니 말이다. 생각해 보면 아이와 전쟁 같은 하루를 보내는 것이 언제 끝이 날까 할 정도로 힘겹기도 했다. 그런데 어느 순간 보면 아이는 내 손을 떠나서 친구가 더 좋다고 말할 시기가 온다. 내게 나이 많은 언니들이 가끔 이렇게 말씀해 주셨다. "힘들지. 그런데 나는 지금 힘든 네가 더 부러워." 이렇게 말이다. 아이들과 함께 최선을 다하지 못한 아쉬움 일 수도 있고, 아니면 다시는 오지 못할 그 시기가 그리워서 일 수도 있다. 다시 말하지만, 아이의 시간은 멈추고 싶다고 멈추어지는 것이 아니었다. 그러니 아이와 함께 할 수 있는 시간을 아이와 함께 티격태격하면서 즐겨보자. 이 또한 아이가 살아갈 힘이 아닐까 싶다. 그러니 독박 육아라고 너무 한탄하거나 우울해 하지 말자. 하지 말자고 말한다고 거짓말처럼 기분이 좋아지는 것은 아니지만 적어도 스스로 최면을 걸어가면 어떨까 싶다. 엄마니깐, 내 아이니깐 누구도 아닌 내가 제일 잘 아니깐 아이와 함께 손잡고 걸어가는 중이라고 말이다. 혼자서 감당할 무게가 무거우니 엄마의 체력을 위해 엄마가 먼저 맛있는 것도 먹어보자. 그리고 엄마의 하루 시간 계획을 잘 세워서 아이와 함께했으면 좋겠다.

독박 육아를 할지라도, 직장맘이라도, 전업주부라도 우린 엄마란 이름으로 함께 해보자고 할 수 있다고 응원하고 싶다. 이렇게 말하며 어쩌면 나는 지금 나에게 응원하고 싶은 마음을 글로 남기고 있는지도 모르겠다는 생각 또한 해 본다.

Q. 엄마표 영어 당신도 성공할 수 있어요

엄마표 영어 4종 SET으로 엄마는 식탁을 차려요

흘려듣기, 집중듣기, 영어책 읽기, 한글책 읽기 이 4가지를 엄마표 영어의 4종 세트라고 부르고 싶다. 이중 어느 한 가지라도 중요하지 않은 것이 없고, 이 4가지가 어우러져 엄마표 영어가 완성된다고 생각한다.

첫 번째 흘려듣기를 나는 밥에 해당한다고 생각한다. 식사하려면 언제나 있어야 하는 것이 밥이기 때문이다. 그래서 밥만큼이나 중요한 흘려듣기를 시간이 없어 바쁜 날은 자동차 이동 중 짧게라도 꼭 해주려고 노력했다.

두 번째 집중듣기는 그날의 주요리가 경양식이라면 스테이크, 한식이라면 생선구이나 삼겹살 구이 같은 것이라고 본다. 매일 주요리가 달라져 아이들이 먹을 때 즐겁고, 다 먹고 나면 건강해지는 음식 말이다. 어쩌다 바쁜 날은 찬물에 밥을 말아 김치와 먹듯 주요리 음식이 빠지기도 하지만 말이다.

세 번째 영어책 읽기는 밥과 주요리를 제외한 밥상에 깔린 반찬이라 생각한다. 주요리가 아니라도 충분히 골고루 먹으면 아이가 튼튼해지듯 영어 실력도 튼튼해지지 않을까 한다. 아이가 먹고 싶은 반찬과 먹고 싶지 않은 반찬이 있어도 건강을 위해 편식하지 말자고 말하듯이 엄마표 영어도 그러한 것 같다. 골고루 잘 먹을 수 있도록 식탁에 충분히 깔아주었으면 좋겠다.

마지막으로 한글책 읽기는 디저트다. 맛있는 요리를 먹은 후 다시 먹는 아이스크림과 작은 케이크, 과일 한 조각은 정말 아이를 행복하게 해 준다. 엄마표 영어이기에 디저트라고 말하지만 사실 속내는 밥보다, 주요리보다 중요한 음식이라 생각한다. 그래서 아무리 배가 불러도 꼭 먹을 수 있게 세팅해 주려고 했다.

이렇게 집중듣기를 통해서 알게 된 단어를 흘려듣기를 통해서 확인하고, 영어책 읽기를 통해서 다잡고, 한글책을 읽으면서 어휘력을 확장해 가니 4종 SET이라고 부르는 것이다.

마치는 글

엄마표 영어에서 아이의 영어 목표는 뭔가요?

수능 만점의 영광, 외고나 자사고 등 좋은 고등학교에 가서 좋은 대학에 가는 것, 해외 유명한 고등학교나 대학을 보내는 것 등 각자가 가진 목표는 너무나 많을 것이다. 이 모든 것이 아이를 위하는 부모의 마음인 것을 나는 잘 안다. 그리고 나 또한 마음속 깊은 곳에서는 이런 욕심이 없지 않다고 말할 수 없다. 갈 수만 있다면, 보낼 수만 있다면, 그리고 아이가 원하면 무조건 보내고 싶고, 아이가 원하지 않아도 보내고 싶은 욕심이 조금은 있기 때문이다. 나 또한 부모인 것을 어쩌란 말인가 싶다. 하지만 처음 엄마표 영어의 목표는 분명했기에 진행하면서 초심을 잃지 않으려 부단히 노력했던 것은 사실이다. 그 목표라는 것이 남들 보기 그럴듯한 모습이 아니었다.

그저 느려도 좋으니 조급함을 없애고 말이 되는 또 다른 언어 하나 선물해 주자는 마음이었다. 그리고 해외여행을 가서 자신이 원하는 음식이나 물건을 구매하고 궁금한 것 등을 자유롭게 질문할 수 있는 아이 정도로 말이다. 그래서 무리하게 체크를 할 필요도 없었고, 텝스나 토익도 한번 권하지 않았다. 그리고 학교 시험이 어찌 되는지 묻지 않을 거라는 약속도 지킬 수 있었다. 목표의 눈높이가 낮으니 엄마의 마음 어디에도 조급함은 없었고 아이 또한 그러했기에 오히려 지금의 아이 모습이 되지 않았을까 하는 생각 또한 가끔 해본다.

아이는 아이라는 이름으로 나를 제자로 삼았고, 나를 단단하게 만들었다.

나는 첫째를 낳고 겸손을 배웠고, 둘째를 낳고 인내를 배웠다며 스스로 말하며 위로할 때가 종종 있다.

첫째는 어찌나 영재처럼 똑똑한지 엄마의 자랑이 아닌 것처럼 말했지만 사실 속내는 아니었다. 그렇게 자랑하고 다니는 시기가 극에 달할 때쯤이면 어김없이 아이는 수술대 위에 누웠다.

그리고 초등학교 5학년 9월까지 매월 대학병원에서 진료를 기다리는 내 모습과 함께 대기하고 있는 아이들의 또 다른 부모들을 보면서 욕심의 마음을 절로 내려놓을 수밖에 없었다. 이런 경험은 다른 이에게는 정말이지 권하고 싶지도, 절대 겪어서도 안 될 경험이지만 말이다.

어쩌면 반강제로 마음을 내려놓을 수밖에 없는 경험이었지만, 이 경험이 오히려 감사함과 겸손함을 알게 해 준 것 아닐까 싶다.

학교에 가기 전 그리고 다녀왔을 때 힘껏 안아줄 수 있고, 아들의 미소를 매일 느끼니 말이다. 함께 마주 보고, 함께 대화를 나누고, 엄마의 말에 웃어주는 아이, 이 아들의 존재만으로도 이제는 늘 감사하지 않을 수가 없다. 그러니 이 아이를 통한 엄마의 대리 만족이란 욕심이 들어올 자리가 없어진 지 오래다.

둘째는 또 어찌나 고집이 센지 그냥 애가 아니라 고집만 피우고 사람 말은 전혀 알아듣지 못하는 밀림의 코뿔소 같은 아이였다. 자신이 원하는 것을 가지기 위해 울고 떼쓰고 하는 모습을 보며 '살면서 이렇게 참다가는 내가 죽을 수도 있겠다' 싶을 만큼 인내를 알려준 녀석이었다.

나는 완전히 다른 두 아이를 키우면서 엄마라는 이름으로 이러한 것을 배울 수 있었다. 그리고 작은 파도를 겪으며, 때론 큰 파도를 온몸으로 맞으며 엄마의 마음 또한 단단해져 옴을 느끼기도 했다.

아이들에게 작은 바람이 있다면 건강과 함께 자신의 꿈을 찾아가는 것이다. 아직도 아들들은 자신의 정확한 목표와 꿈을 정하지 못한 상태이기에 함께 찾아가는 것이 아닐까 싶다. 때로는 강하게, 때로는 살살 달래면서, 때로는 아이의 말을 들어주면서 말이다.

엄마란 이름 말고 나란 사람에게 친절해질 순 없을까?

나는 나란 사람에게 친절해 본 적이 없었다. 아니, 누구도 내게 나의 마음을 들여다보고, 나를 사랑해 주라고 나에게 친절해지라고 말해 준 이가 없었다. 그래서 이렇게 엄마가 되고, 아이 나이만큼 나이 든 엄마가 되었어도 몰랐었다.

그런데 이 모든 것을 아이와 함께 그림책을 보며 질문을 던졌고, 아이와 함께 대화하며 해답을 찾아가기 시작했다. 아직도 찾지 못한 해답들은 아이와 함께 걸어가며 찾아가지 않을까 싶다. 그러나 분명히 알게 된 것은 나란 사람에게 가장 먼저 친절을 베풀 사람은 다름 아닌 바로 '나'임을 알게 되었다는 것이다.

엄마표 영어를 떠나서도 이 부분은 나와 아이의 관계에 많은 부분에서 도움이 되었다. 나의 행복을 찾고, 나에게 미소 한번 보내주니 자연스럽게 아이를 바라보는 나의 눈빛도, 나의 입가의 미소도 달라지기 시작했기 때문이었다. 엄마표 영어를 하는 엄마이든, 아니던 자신에게 먼저 애쓰고 있다고 칭찬을 자주 해 주면 좋을 것 같다.

한 송이의 꽃을 선물해 줘도 좋고, 내가 좋아하는 찻집에서 차 한잔 여유롭게 마시는 날을 정해도 좋다. 엄마가 행복하고 엄마에게서 나오는 에너지가 좋아야 아이에게 좋은 영향을 줄 수 있지 않을까 해서이다.

나는 잘하는 것을 내보일 때도 엄마였다. 그리고 서툴러서 아이 앞에서 실수할 때도 엄마였다. 나의 있는 모습 그대로 아이들에게 말을 해왔다. 못하는 것은 못 한다고, 잘하는 것은 자랑삼아 잘한다고 말이다.

그렇게 엄마라고 모든 것을 다 잘할 수 있다고 말하지 않았다. 심지어 어떤 부분은 해 줄 형편이 안 된다는 말도 아이에게 말하기도 했다. 그러니 함께 노력하자고, 같이 하자고, 함께는 해 줄 수 있다고 말이다.

세상 밖으로 나오니 엄청난 능력을 갖춘 분들이 많았다. 같은 엄마표 영어라 해도 너무나 다른 느낌과 소위 넘사벽의 노하우들이라 사실 기가 많이 죽을 때도 있었다. 그러나 멋모르고 자랑할 때도 엄마였고, 기가 죽고 풀이 죽은 이 모습 또한 엄마였다. 그래서 스스로 말해주었다. 나의 길을 가자고, 느려도 좋고 천천히 가더라도 기본을 잃지 말고, 진짜 중요한 것이 무엇인지 잃지 말자고 말이다. 또 학부모가 아닌 부모가 되기 위해 노력하자고 너무나 강한 유혹들이 많아 쉽지 않겠지만 말이다.

하지만 엄마인 내가 그렇게 한 걸음 한 걸음 먼저 걸어가는 모습을 보이면 아이도 무엇이 더 중요한지 스스로 배우지 않을까 싶다.

영어책을 읽으며, 한글책을 보면서, 때론 흘려듣기를 함께 하면서 하나하나 쌓을 수 있는 선물 같은 시간을 엄마표 영어가 줄 수 있다고 말해주고 싶다.

영어를 잘하는 아이 말고 엄마는 아이 마음을, 아이는 엄마의 마음을 알아가면서 서로 마음의 대화가 되는 아이 말이다. 이러한 시간이 쌓이면 어쩌면 감사함의 시간이 모여 영어는 저절로 될지도 모른다고 믿는다.

이 글을 통해 언제나 늘 엄마의 미소에 답해주는 두 아들에게 고맙다고 말하고 싶다. 그리고 엄마표 영어의 과정을 통해 배운 그 마음으로 살아가면서 삶의 문제들이 생긴다면 쉽게 순응하는 삶으로 살아가지 않길 바란다.

거침없이 경험하고, 치열하게 싸우고, 승리도 실패도 맛보며 살아있는 삶을 살라고 말해 주고 싶은 것이다. 그러면서도 때론 손에 쥔 것을 내려놓을 용기도 배웠으면 좋겠다. 나는 그렇게 살아가는 아이들을 온 마음을 다해 믿어줄 것이며, 아이가 뒤돌아보면 언제나 그 모습 그대로 엄마라는 이름으로 서 있을 거라고도 말해주고 싶다.

끝으로 어쩌면 자기 삶보다 아버지란 이름의 삶을 살고 있는 아이들의 아빠에게도 존경을 표하고 싶다.

아이 아빠 또한 어느 날 갑자기 아버지란 이름을 가지게 되어 엄마인 나만큼이나 기뻤을 것이고, 때론 당황했을 것이다. 그리고 두 어깨에 짊어진 짐은 엄마인 나보다 더 무거웠을 것이다. 그런 남편이 언제나 기둥처럼, 거인처럼 우리의 가정을 지켜주기에 이렇게 하루하루 아이들과 튼튼한 울타리 안에서 살아가고 있기에 말이다.

그래서 늘 고맙고, 감사하다는 마음을 전하고 싶다.

세상 쉬운 엄마표 영어

초판 1쇄 발행 | 2022년 7월 29일

지은이 | 권료주
펴낸이 | 김지연
펴낸곳 | 마음세상

주 소 | 경기도 파주시 한빛로 70 515-501

신고번호 | 제406-2011-000024호
신고일자 | 2011년 3월 7일

ISBN | 979-11-5636-486-3 (03590)

원고투고 | maumsesang2@nate.com

* 값 14,500원

* 마음세상은 삶의 감동을 이끌어내는 진솔한 책을 발간하고 있습니다. 참신한 원고가 준비되셨다면 망설이지 마시고 연락주세요.